主題図：豊橋駅（図 2-38）

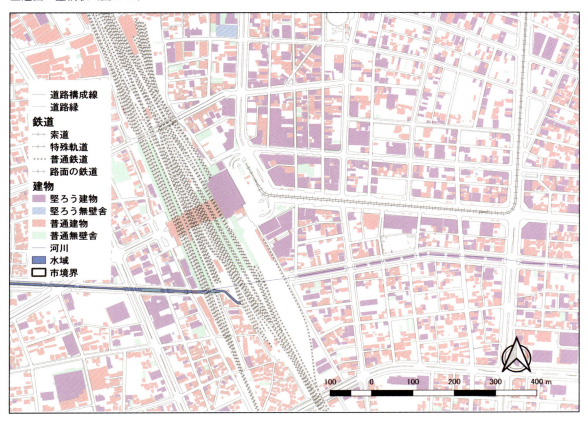

統計 GIS：人口密度（図 3-9）

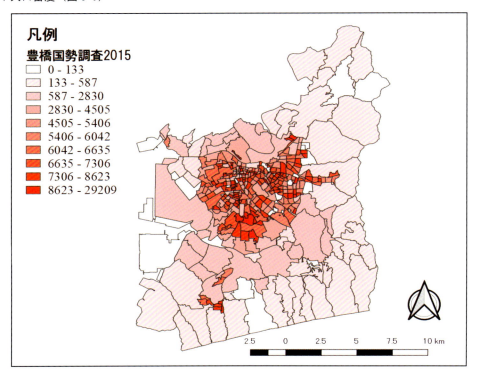

②

OpenStreetMapを背景にした主題図（図3-39）

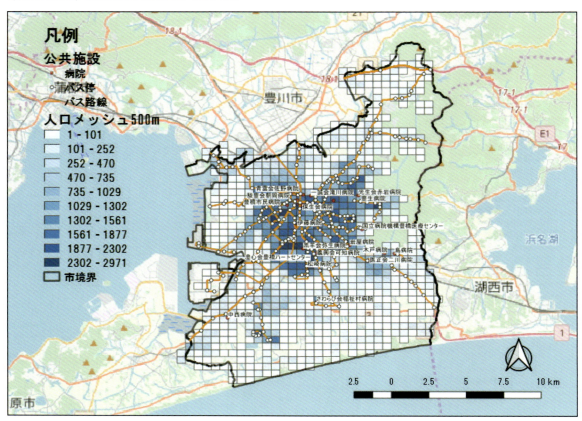

旧版地形図とOpenStreetMap（図4-9）

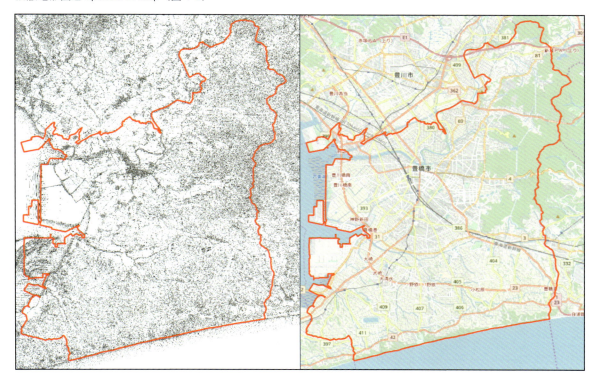

③

文化財データと旧版地形図（図4-15）

Id	名称	文化財種類	時代
1	東観音寺多宝塔	重要文化財（建造物）	室町後期
2	豊橋ハリストス正教会聖使徒福音者馬太聖堂	重要文化財（建造物）	大正
3	愛知県馬越長火塚古墳出土品	重要文化財（美術工芸品）	古墳時代
4	愛知大学旧本館（旧陸軍第15師団司令部庁舎）	登録有形文化財（建造物）	明治
5	安久美神戸神明社手水舎		昭和前
6	安久美神戸神明社神楽殿		明治
7	安久美神戸神明社神庫		昭和前
8	安久美神戸神明社幣殿及び拝殿		昭和前
9	安久美神戸神明社本殿		昭和前
10	羽田八幡宮社務所離れ（旧羽田野家住宅主屋）		江戸
11	羽田八幡宮蔵（旧羽田八幡宮文庫）		江戸
12	羽田八幡宮門（旧羽田八幡宮文庫正門）		江戸
13	小野田家住宅主屋		明治
14	小野田家住宅長屋門		江戸
15	西駒屋田村家住宅主屋		明治
16	西駒屋田村家住宅土蔵		明治
17	豊橋市公会堂		昭和前
18	豊橋市民俗資料収蔵室西棟（旧多米小学校西校舎）		昭和中
19	豊橋市民俗資料収蔵室本棟（旧多米小学校本校舎）		昭和前
20	湊築島弁天社		江戸
21	瓜郷遺跡	史跡	—
22	嵩山蛇穴	史跡	—
23	石巻山石灰岩地植物群落	天然記念物	—

店舗ごと商圏の人口計算
（第5章の完成図）

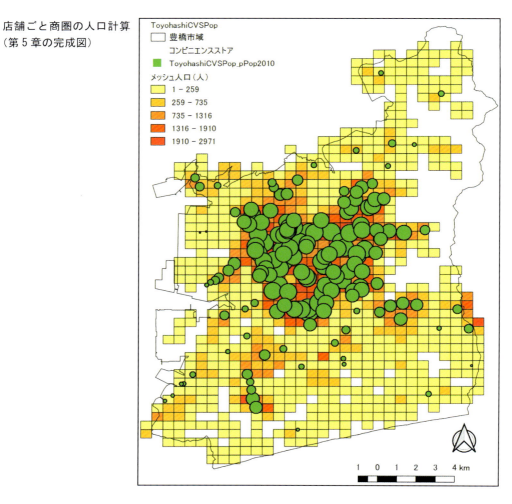

④

観光スポットの分布（図 6-8）

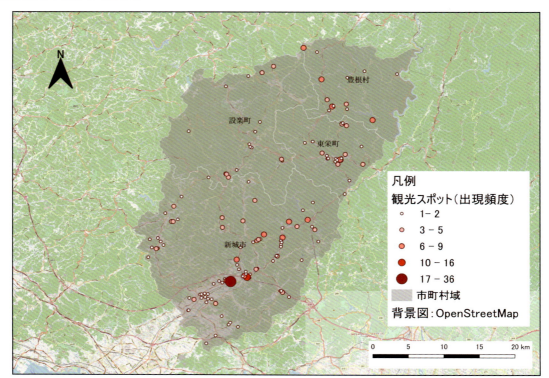

空間データビューを用いた主題図（図 7-48）

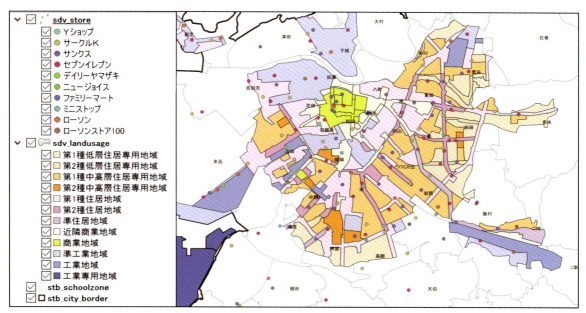

商圏ごとの住宅ベース人口の集計（図7-51）

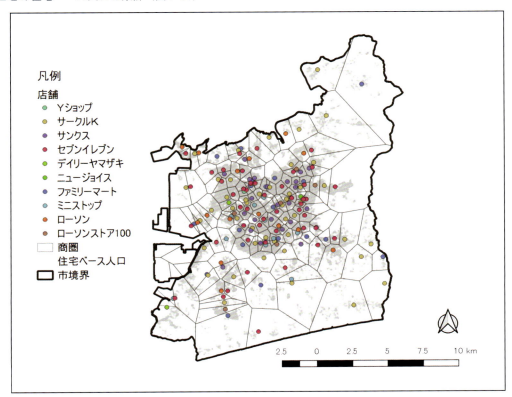

土地利用と商圏の交差部分における住宅ベース人口の集計（図7-52）

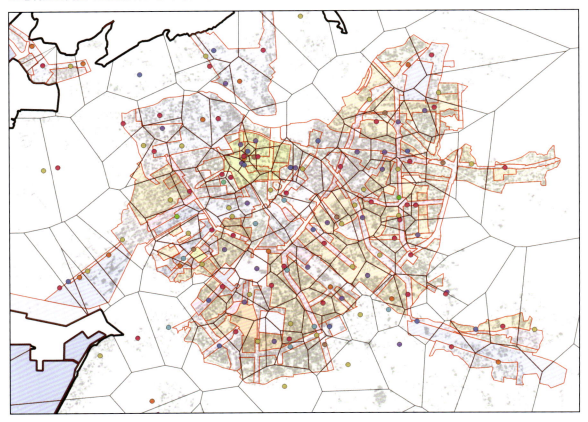

⑥

徒歩道路のデータ (図 8-9)

徒歩道路のトポロジーデータ (図 8-18)

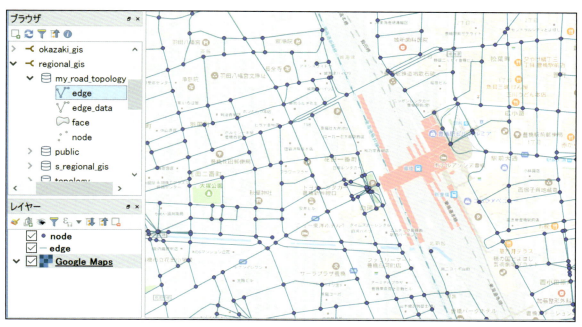

バス停からの徒歩到達圏（図 8-26）

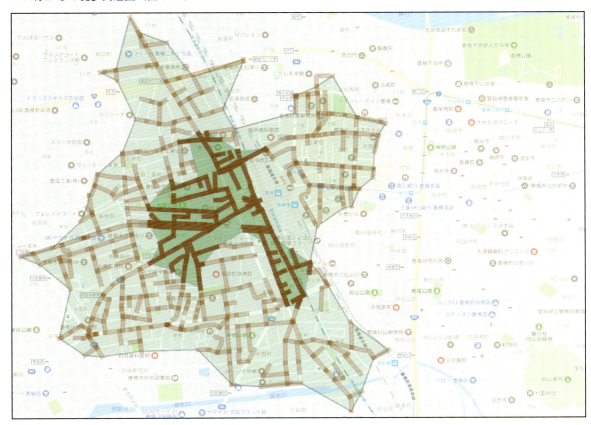

浸水想定エリアと最寄り避難区域と住宅ベース人口（図 9-10）

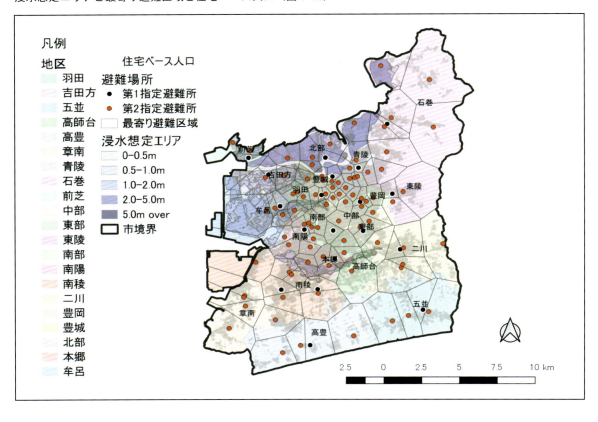

⑧

県境の自治体（図10-10）

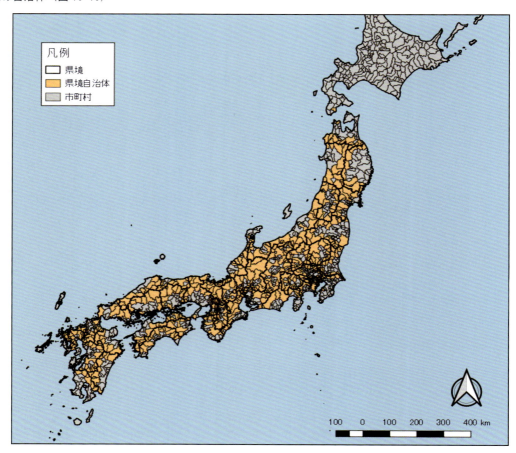

自治体間の連携事業ネットワーク（図10-12）

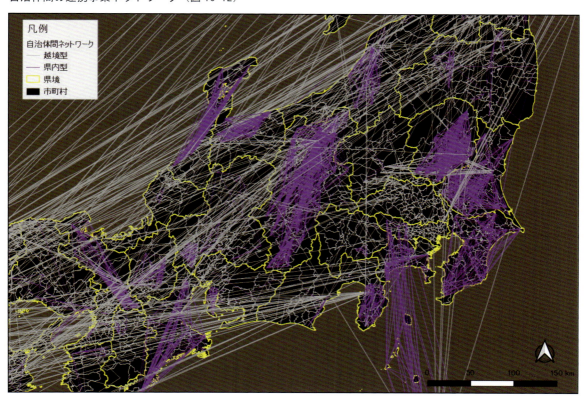

地域研究のための 空間データ分析入門

― QGISとPostGISを用いて ―

愛知大学三遠南信地域連携研究センター〔編〕
蒋　　　湧〔監修〕

蒋　　　湧
湯川　治敏
駒木伸比古
飯塚　公藤
村山　　徹
小川　勇樹〔著〕

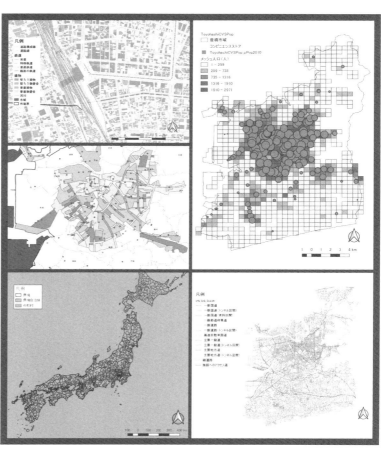

古今書院

刊行によせて

　本書は、愛知大学三遠南信地域連携研究センターの事業成果の一つとして生み出されたものである。

　三遠南信地域連携研究センター（以下、本センター）とは、名称の「三遠南信地域」に示されるように、愛知県東三河地域の「三」、静岡県遠州地域の「遠」、長野県南信州地域の「南信」からなる県境地域を対象とした研究機関である。主要テーマは、県境に代表される行政境界を越える「越境」であり、2013～2018年度は文部科学省の共同利用・共同研究拠点事業による「越境地域政策研究拠点」として、研究活動を行ってきた。

　さて、越境地域政策を立案・実施する上で極めて重要となることが、地域政策の基盤となる地域情報の一体化である。実際に、地域情報が県境で分断されるため、政策の立案や実施が困難となる傾向が強い。こうした政策環境に対応するために、本センターには三つの研究コア「越境地域計画コア」、「越境情報プラットフォームコア」、「越境地域モデルコア」を設けて研究を行ってきた。

　本書は、「越境情報プラットフォームコア」の責任者である蒋湧教授を代表とする研究者によるものである。越境地域政策には、行政境界という区域を持つ行政だけではなく、比較的行政境界を越えやすい産業界や市民団体、本来的に行政境界に縛られない大学の連携が不可欠なものとなっている。この産学官民の連携がつくられる際に、本書で展開されるGISによる可視化された地域情報が、極めて有効となってきた。

　本書は、越境地域に代表される具体的な地域政策需要から生み出されたものであり、GIS技術に関する書籍であると同時に地域政策に関する書籍でもある。こうした視点から本書の特徴を挙げると、第一に「地域に根差したGIS」である。本書で取り上げる事例研究は、三遠南信地域、特に愛知県東三河地域の地域政策的な諸相を対象としており、本書を活用いただく各地域での展開が考えられる。そのため、GISソフトウェアもフリーソフトであるQGISが採用されている。第二に「政策提言に繋がるGIS」である。政策提言は、客観的なデータに裏打ちされたものであることが求められ、本書の各事例においても政策提言に言及している。そして第三が「人材育育成に繋がるGIS」である。GISを活用できる人材育成であると共に、GISを活用することによる様々な分野の人材育成に繋がるという願いである。本書は愛知大学地域政策学部の2012年度からのGIS教育の経験・成果の蓄積に基づくものであり、特に、2022年度からの高等学校での「地理総合」の必修化を見据えて、GISや地図を授業で活用していく際の参考になることも期待したい。

　本書を、大学教育や地域政策実務の場で活用していただくことによって、地域への新たな視点が生まれ、各地域の独自性が活かされれば幸いである。

愛知大学三遠南信地域連携研究センター長　戸田敏行

目　次

刊行によせて　i

第 1 部　入　門　編

第 1 章　GIS の基本概念 ―― 2
- 1.1　地域研究と GIS　2
- 1.2　本書のコンセプトと使い方　2
- 1.3　GIS（地理情報システム）とは　2
- 1.4　地理空間情報（G 空間情報）　3
- 1.5　地理空間情報のデータモデル　4
- 1.6　測地系と座標系　5
- 1.7　SRID コードと EPSG コード　8
- 1.8　GIS ソフトと GIS データ形式　9
  - 1.8.1　QGIS とシェープファイル形式　9
  - 1.8.2　「基盤地図情報ビューア」と GML 形式　10

第 2 章　基盤地図情報の可視化 ―― 12
- 2.1　地域データ可視化の意味　12
- 2.2　基盤地図情報の入手　12
  - 2.2.1　基盤地図情報のダウンロード　13
  - 2.2.2　GML 形式からシェープファイル形式へのデータ変換　14
  - コラム：データを USB に保存する場合　15
  - 2.2.3　QGIS プロジェクト環境の作成　15
    - 起動時に開くプロジェクトファイルの設定　16
    - プロジェクト座標系の設定　16
    - シェープファイルの読み込みとプロジェクトファイルの保存　16
- 2.3　主題図の概念　17
- 2.4　地域ベースマップの作成　18
  - 2.4.1　作業環境の整備　18
  - 2.4.2　市境界の抽出　18
    - (a) 対象外地物：防波堤の削除　18

（b）市境界の抽出　19
　2.4.3　その他の地物の抽出　20
　2.4.4　レイヤプロパティの設定　20
　　①レイヤプロパティを開く　20
　　②レイヤプロパティ：情報　21
　　③レイヤプロパティ：ソース　21
　　④レイヤプロパティ：シンボロジー　21
　　⑤種別のラインタイプ変更　22
　2.4.5　マップ画像ファイルの出力　24
　　①「新規プリントレイアウト」の作成　24
　　②新しい地図をレイアウトに追加　24
　　③凡例の追加と変更　24
　　④スケールバーの追加　25
　　⑤方位記号の追加　25
　　⑥画像の書き出し　25

第 3 章　地域社会情報の可視化 ─────────── 26
　3.1　地域統計データの可視化　26
　　3.1.1　e-Stat データの入手　26
　　　提供されているデータの確認　26
　　3.1.2　境界データのダウンロード　27
　　3.1.3　地域統計マップの作成　28
　　　①不要な地物の削除　28
　　　②人口密度の算出　28
　　　③人口密度コロプレスマップの作成　29
　3.2　統計データと境界データの結合　30
　　3.2.1　統計データの CSV 形式編集　30
　　3.2.2　「飛び地」問題の処理　31
　　3.2.3　統計データの結合　32
　　3.2.4　高齢化率マップの作成　33
　3.3　地域政策データの可視化　34
　　3.3.1　国土数値情報の入手　35
　　　①「公共施設」データのダウンロード　35
　　　②「バス停留所」と「バスルート」データのダウンロード　37
　　　③「500 m メッシュ別将来推計人口」データのダウンロード　37
　　3.3.2　公共施設の抽出　37
　　3.3.3　地域資源マップの作成　39
　　　公共施設のレイヤプロパティ　39
　　　人口メッシュ 500 m のレイヤプロパティ設定　40

第4章 地域の歴史と文化財に関する分析 — 42
4.1 テーマおよび分析方法・手順の概要 42
- 4.1.1 テーマの背景 42
- 4.1.2 ジオリファレンスとは 42
- 4.1.3 分析手法とテーマ設定 42
- 4.1.4 事前に準備しておくデータ 43
  - (1) 旧版地形図の入手方法 43
  - (2) 旧版地形図の閲覧方法①－原本の閲覧－ 44
  - (3) 旧版地形図の閲覧方法②－地形図・地勢図図歴の閲覧－ 44

4.2 旧版地形図のジオリファレンス 44
- 4.2.1 旧版地形図に記載された経緯度の確認 44
- 4.2.2 旧版地形図の測地系と測地系変換 45
- 4.2.3 ジオリファレンサーを用いたジオリファレンス 45
- 4.2.4 ベクタデータ（ポリゴンデータ）の作成 47

4.3 文化財データの作成 49
- 4.3.1 国指定文化財等データベースの紹介 49
- 4.3.2 緯度経度情報の確認 49
- 4.3.3 QGISへの読み込みとシェープファイル化 50
- 4.3.4 文化財データと旧版地形図の重ね合わせ 51

4.4 まとめ－歴史・文化GISデータベースの構築に向けて 52
補足　緯経度の測地変換＜海域の場合＞ 53

第5章 地域における商業の分析 — 54
5.1 テーマおよび分析方法・手順の概要 54
- 5.1.1 テーマの背景 54
- 5.1.2 分析手法とテーマ設定 54
- 5.1.3 事前に準備しておくデータ 54

5.2 店舗データの作成 55
- 5.2.1 店舗リストの入手と作成 55
- 5.2.2 緯度経度情報の取得（アドレスマッチング） 55
  - ヒント：住所エラーに要注意！ 56
- 5.2.3 QGISへの読み込みとシェープファイル化 57

5.3 空間分析手法の紹介（基礎） 57
- 5.3.1 バッファ分析 57
- 5.3.2 ボロノイ分割 59

5.4 空間分析手法の紹介（応用） 60
- 5.4.1 バッファによる商圏分析とその考え方（面積按分） 60
- 5.4.2 店舗ごとの商圏人口の計算 61

5.5 おわりに－これからの地域商業分析に向けて 63

第6章 観光振興の空間的な定量評価 ———————————————— 65

6.1 研究の概要 65
- 6.1.1 背景と目的 65
- 6.1.2 分析手法と手順 65

6.2 観光スポットのデータ作成 66
- 6.2.1 住所録から経緯度の取得 67
  - ・住所など属性情報を含めた観光資源リストの作成 67
  - ・Webサイトを活用した経緯度の取得 67
- 6.2.2 図形データへの変換 68

6.3 観光スポット間や主要交通との距離計測 69
- 6.3.1 プラグインの管理 69
  - ・プラグインの検索とインストール 69
- 6.3.2 ポイントデータ間の直線距離 70
  - ・ポイントデータ間の距離行列 70
  - ・最近傍のポイントデータとの距離 71
- 6.3.3 フィーチャ間の直線距離 73
  - ・ポイントとライン・ベクタ間の距離計測 73

6.4 観光スポットの分布特性の計測 74
- 6.4.1 最近隣距離法による密集と分散 75
  - ・最小近傍解析ツールを用いた平均最近隣距離 75
- 6.4.2 k関数法でみる分布特性 76
  - ・CrimeStatを用いた空間解析 76

6.5 まとめ－観光振興政策の再検討－ 77

第2部 応 用 編

第7章 都心居住と土地利用の評価 ———————————————— 80

7.1 研究事例の概要 80
- 7.1.1 研究の背景 80
- 7.1.2 研究の手法 80
- 7.1.3 主な内容と手順 80
- 7.1.4 データベースの基礎概念と用語 80
  - (1) データベース 80
  - (2) データベースの仕組み 81
  - (3) テーブル 81
  - (4) 主キー、外部キーと関連型データベース 81
  - (5) ビュー 81

（6）データ構造とデータの正規化　82
7.2　空間データベース構築　82
　　7.2.1　データベースの新規作成　82
　　　ヒント：文字フォントに要注意　83
　　7.2.2　空間データベースへの拡張　83
　　7.2.3　スキーマの新規作成　84
　　　ヒント：変数ネーミングの先頭文字に要注意　84
7.3　データインポート　84
　　7.3.1　使用するデータソースの紹介　84
　　7.3.2　作業環境の整備　85
　　7.3.3　QGISとデータベースの接続　85
　　7.3.4　データインポート　86
　　7.3.5　「DBマネージャ」のプラグイン　87
　　7.3.6　データインポートの主な手順　87
　　7.3.7　CSVファイルのインポート　87
　　7.3.8　シェープファイルのインポート　88
　　7.3.9　インポート済みのデータ確認　89
7.4　データ構造の実装　90
　　7.4.1　pgAdmin4でデータベースのファイル階層を確認　91
　　7.4.2　フィールド名とデータ型の確認と変更　91
　　7.4.3　SQLクエリコードの保存と再利用　93
　　7.4.4　主キーと外部キーの作成　93
　　　pgAdmin4を用いた主キーと外部キーの作成　93
7.5　空間解析　96
　　7.5.1　空間データと非空間データの分離　96
　　7.5.2　空間データビューの作成　96
　　7.5.3　空間データビューを利用した主題図　98
　　7.5.4　空間解析　98
　　　① 系列ごとの店舗数の集計　98
　　　② 土地利用面積の集計　99
　　　③ 土地利用類別ごとの店舗の集計　99
　　　④ 土地利用類別ごとの人口集計　100
　　　⑤ 商圏と人口の集計　100
　　　⑥ 商圏、土地利用と人口の集計　101

第8章　歩いて暮らせるまちの検証　　103
8.1　研究事例の概要　103
　　8.1.1　研究の背景　103
　　8.1.2　研究の手法　103

- 8.1.3 主な内容と手順　103
- **8.2　空間データベースの整備　103**
  - 8.2.1 データベースへのデータインポート　104
  - 8.2.2 データ構造の実装　104
- **8.3　空間トポロジーと徒歩道路データ　105**
  - 8.3.1 空間トポロジーの定義　105
  - 8.3.2 徒歩道路データの作成　105
    - ① 道路と細道の統合　105
    - ② ジオメトリの分解　106
    - ③ 施設へのアクセス道の作成　107
    - ④ 施設アクセス道の追加　107
- **8.4　空間トポロジーの実装　108**
  - 8.4.1 トポロジー構造の確認　108
  - 8.4.2 トポロジーの新規作成　109
  - 8.4.3 トポロジージオメトリカラムを追加　110
  - 8.4.4 geom から topogeom へのデータ移入　111
- **8.5　経路分析　111**
  - 8.5.1 エッジコストの計算　112
  - 8.5.2 経路トポロジーの計算　112
  - 8.5.3 到達圏の計算　113
  - 8.5.4 到達圏の人口集計　114

第9章　安全安心まちづくりの検証 ———— 117

- **9.1　研究事例の概要　117**
  - 9.1.1 研究の背景　117
  - 9.1.2 研究の内容　117
  - 9.1.3 研究の手法　118
- **9.2　空間データベースの整備　118**
  - 9.2.1 使用データと研究環境の整備　118
  - 9.2.2 データインポートとデータ構造の実装　118
- **9.3　浸水想定区域の検証　119**
- **9.4　災害暴露の検証　120**
  - 9.4.1 人的な災害暴露　120
  - 9.4.2 コンビニエンスストアの災害暴露　121
  - 9.4.3 避難所と消防署の災害暴露　122
- **9.5　災害脆弱性の検証　123**
  - 9.5.1 バス路線災害脆弱性の検証　123
  - 9.5.2 避難所の機能喪失と災害脆弱性の検証　126

第10章　越境地域連携事業の空間ネットワーク分析 ── 129

10.1　研究事例の概要　129
- 10.1.1　研究の背景　129
- 10.1.2　研究の手法　129

10.2　広域連携事業データベースの構築　129
- 10.2.1　広域連携事業の空間データの作成　129
  - 手順1：事業リスト入手　129
  - 手順2：データ作成　130
- 10.2.2　データベース構築　131
  - 手順1：pgAdmin で新規データベースを作成　131
  - 手順2：空間データベースへの拡張　131
  - 手順3：スキーマの新規作成　131
  - 手順4：QGIS とデータベースの接続　131
  - 手順5：データインポート　131
  - 手順6：データ構造の実装　131

10.3　全国県境自治体の主題図作成　133
- 10.3.1　全国市区町村マップの作成　133
  - 手順1：データの準備　133
  - 手順2：データベースへのインポートとデータの修正　134
  - 手順3：行政コードの修正　134
  - 手順4：自治体データのユニオン　135
  - 手順5：空間データビューの作成　135
- 10.3.2　県境自治体の主題図作成　135
  - 手順1：都道府県境に位置する市区町村の抽出　136
  - 手順2：橋やトンネルの土木構造物で繋がっている自治体を追加　136
  - 手順3：県境自治体の主題図作成　136
- 10.3.3　広域連携事業のデータ分析　137
  - 手順1：事業ごとのデータビューを作成　137
  - 手順2：事業に参画している自治体ごとの空間データビューの作成　137
  - 手順3：事業分野別の事業数、交付金額の集計　138
  - 手順4：広域連携事業と越境連携事業への自治体の参画　139

10.4　広域連携事業のネットワーク構造の作成と可視化　140
- 手順1：自治体間のつながりをデータ化　140
- 手順2：自治体間ネットワークの主題図　141

10.5　ネットワーク構造の分析　141
- 手順1：作業準備　141
- 手順2：ネットワークデータの作成と分析　142

10.6　おわりに　145

付録1　QGISのインストール ———————————————— 146

付録2　PostgreSQLデータベースのインストール ——————— 150

付録3　データベースの基礎とSQL言語の概要 ———————— 157

QGISとPostGIS機能一覧の逆引き　160

第 1 部

入門編

　近年、地域研究、とりわけ地域政策研究の分野においてGIS（地理情報システム）の重要性が高まっている。GIS が備えているデータ可視化と空間解析の機能は、地域の実証研究に大きな役割を果たし、GIS を用いた研究手法は現実の地域社会が抱える諸課題に対する科学的なアプローチの一環として定着しつつある。それが、GIS が注目される原因と考えられる。本書は、GIS の分析手法を用いた地域研究の事例を紹介する。

　第 1 部は地域研究の事例を通して、QGIS を用いたデータ処理、データ解析と地図作成の基本操作を演習形式で解説する。第 1 章は GIS の基本概念を説明する。第 2 章は基盤地図情報の可視化を取り上げ、基盤地図データを用いた地域ベースマップの作成を学習する。第 3 章は地域社会情報の可視化に視点を変え、統計 GIS と国土数値情報を用いて地域統計マップや地域資源マップの作成を体験する。第 4 章は地域の歴史と文化をテーマに、古地図の扱い方やジオリファレンスなどの手法に触れる。第 5 章は地域商業をテーマに、コンビニエンスストア商圏や高齢者の買い物難などの事例を通して、QGIS を用いた空間解析の基本を学ぶ。第 6 章は地域観光プロモーションの事例を用いて、観光資源の空間集積に関する分析と可視化の基本手法を習得する。

　第 1 部の入門編は、QGIS に備えた基本機能を理解し、その操作方法を習得することを目標とする。次の第 2 部の応用編は、QGIS 機能に PostgreSQL データベース機能と R 統計分析機能を加え、より大規模かつ複雑な地域空間データにおけるデータサイエンス的なアプローチを紹介する。

第1章　GISの基本概念

1.1　地域研究とGIS

地域社会が抱える諸課題や地域が持っている固有性に対する学術的な研究を地域研究という（CIAS、京都大学地域研究統合情報センター）。研究者たちは、様々な学問知識体系と研究アプローチを通じて地域の課題を研究しているが、本書は地理学と情報工学の観点から地域研究のアプローチを紹介する。

一方、地域研究は学者たちだけの特権ではない。住民たちは日々の生活の中に、行政職員は日頃の業務の中から地域の様々な課題とニーズを肌で感じている。課題解決に立ち向かって行動する場合、科学的なアプローチは強力な武器になる。本書は、地域データとGISを用いて、地域課題と特性の可視化と定量化を目標とする基本的なアプローチを演習形式で解説する。

1.2　本書のコンセプトと使い方

本書は、地域研究の手法を学ぶ地域住民、職員と学生たち、並びにまちづくり活動に関心のある方々、また地域研究とGIS研究に興味のある方々を対象にしている。本書の第一部から読み始める読者に対しては、地域研究の知識、ITとGISの基本概念とスキルを一切求めていない。筆者たちは、初心者でも理解できるように、内容を1つ1つ丁寧に解説することに心掛けた。

本書の章立ては地域課題に合わせて構成している。第4章からの全ての章において、地域の課題に合わせた①地域データの収集と処理、②空間データの解析、③分析結果の可視化、3つのGIS基本手法を踏まえた演習を解説する。

一方、本書においてQGISやPostGISの操作方法に沿った章立ては提供していないが、「QGISとPostGIS機能一覧の逆引き」にこうしたQGISとPostGISの概念、手法と関数の逆引きを提示しているので、読者はニーズに合わせてご利用を頂くことを願う。QGISとPostgreSQLを含めたインストールと環境整備、またSQL基本構文については本書の付録で解説する。

本書の多くは愛知県東三河地域を中心とした地域研究の事例を取り上げ、地域データを演習素材に使っている。それはあくまでQGISの使い方を説明するために地域データを扱っているのであり、データの鮮度や精確さに精査が欠けている部分についてはご容赦を頂きたい。また、事例分析においても、これもあくまでQGIS空間分析の演習事例として取り上げた結果であり、特定の対象に対する問題指摘ではないことにご理解を頂きたい。

1.3　GIS（地理情報システム）とは

地理空間情報（G空間情報）を格納、検索、分析と表現するコンピュータシステムは地理情報システム（Geographic Information System, GIS）と呼ぶ。図1-1に示したように、GISはコンピュータシステム、地理空間情報（G空間情報）とデータ処理機能、3つの要素で構成されている。

図1-1　地理情報システム（GIS）の仕組み

図1-2は具体的な事例を使って地理情報システム（GIS）の概念を説明している。地理空間情報は、

第1章　GISの基本概念

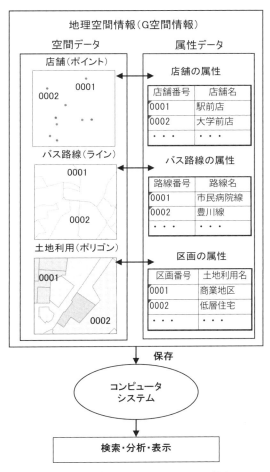

図 1-2　地理情報システム（GIS）の概念

概ねポイント（点）、ライン（線）とポリゴン（面）、3種類の形状で表すことができる。例えば、コンビニエンスストアなどの店舗はポイントで表現できる。この場合、空間データは緯度と経度を用いて店舗の位置をポイントで定める。一方、属性データは店舗に関わる店舗名や店舗オーナーなどの非空間情報を付随する。通常、空間データと属性データは一意的な引数（ここでは店舗番号）を用いて関連付けられている。バス路線はラインで表現できる。この場合、空間データは複数のラインで構成した路線の形状と位置を定める。それに対し属性データには路線ごとに付随するあらゆる属性、例えば路線名、運営会社、バス停情報などが含まれる。都市の区画は一般的にポリゴンで表す。区画の空間データには区画の形状と位置情報が含まれているが、区画の属性データはすべての非空間情報、例えば、区画名称、面積、土地利用類別、人口数などが対象になる。

地理空間情報の空間データと属性データは、通常ファイル形式、或いはデータベース形式で使われる。本書の第一部では、ファイル形式の地理空間情報の扱い方を紹介する。具体的に、シェープファイルを用いた空間データの処理とCSVファイルを用いた属性データの処理を解説する。第二部はデータベース形式の地理空間情報を取り上げ、PostGISを用いた空間データベースの概念と利用法を紹介する。

コンピュータに地理空間情報を入れる目的は、何と言っても情報の検索、分析と表現にある。例えば、店舗周辺にどれぐらいの人が住んでいるか、どのような人が住んでいるかを知りたい場合、店舗の空間データと人口分布の空間データを重ねて空間的に検索すればわかる。また、町の高齢者たちはどこに暮らしているかを調べたい場合、年齢別の人口データ、つまり属性データから高齢者が住んでいる区域、場合によっては建物までたどり着くことができる。こうした検索や分析の結果をマップに視覚的に表現することもできる。

1.4　地理空間情報（G空間情報）

地理空間情報は、地物（フィーチャ）の空間位置とそれに付随する属性情報で定義されている。地理空間情報は現実世界の地物を定量的に表現する役割を果たす。しかし、地理空間情報は現実世界を忠実に表現するものではなく、現実世界を抽象的に表現している。図1-3は、地理空間情報における抽象化の概念の解説である。

ここで言う抽象化は理想化と単純化を意味する。まず、地球の真の形状を追求するには煩雑な計測と計算が求められる。その場合、地球の形状を「楕円体」と理想化すると、研究対象の本質が損なわれることなく計測と計算は大変扱いやすくなる。また、現実世界にある建物などの地物の細部を無視し大まかな輪郭だけを取り上げることは地物の単純化と言う。こうした理想化と単純化のプロセスを経て現実

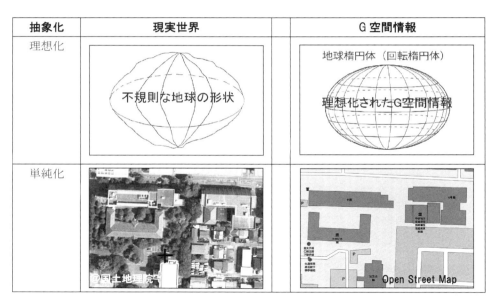

図1-3 地理空間情報の抽象化について（出典：国土地理院撮影の空中写真2006年撮影）

世界を抽象化した地理空間情報は、現実世界の本質を保ちつつ、情報量とパソコンの負荷を抑えることができる。

1.5 地理空間情報のデータモデル

地理空間情報は、実際に構造化されたデータモデルを用いてコンピュータに処理されている。具体的に、現実世界にある地物のデータモデルは幾何位相構造と属性の関係構造で構成されている。例えば、図1-4の大学新旧本館のデータモデルにおいて、幾何位相構造は地物の位置と形状を表す。一方、属性関係構造は、地物の属性に関わる情報の体系とその関連付けを意味する。

図1-4の空中写真には、現実世界にある愛知大学の新旧本館が写っている。地理空間情報モデルは現実世界の建物を抽象化し、地図上に簡素化した建物の輪郭を表現している。そのデータモデルには、幾何位相構造の空間データ部分と属性関連構造の非空間データ部分が含まれている。幾何位相構造は、新旧本館の位置、形状と両建物の接近度などを定める。属性関連構造は、「大学本館」、「大学記念館」など建物の属性をはじめ、建物にある大学の関係部署、部署に所属する職員、関係部署と関わる学部、学生など、実に様々な非空間情報を体系的に関連付けることができる。

通常、地物は類別ごとにデータモデル化をしている。例えば、すべての道路を1つの道路データモデルにまとめる。最もよく使われるのは、ポイント、ライン、ポリゴンとラスタ、4つのデータモデルである。その中のポイント、ライン、ポリゴンは通常離散的な地物を表す共通点があり、ベクタデータモデルと呼ぶ。例として図1-5に示したように、バス停はポイントで、バス路線はラインで、校区はポリゴンで表す。一方、ラスタデータモデルは統一のマ

図1-4 地理空間情報モデルのイメージ

ス格を形状に属性データを付随し、通常は標高、地質、海の水深など連続した地表面の表現に使われる（図1-5の右下図）。図1-5に示したバス停のポイントデータモデル、バス路線のラインデータモデルと校区のポリゴンデータモデルを図1-6のGISマップレイヤの構造に入れると、3つのデータモデルが重ね合わせって一枚の地図が「合成」される。

このように現実世界の地物が、地理空間情報のデータモデルによって抽象化と数値化され、GISのマップレイヤ構造に表現される。

図1-5　ベクタデータモデルとラスタデータモデル

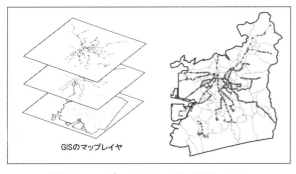

図1-6　マップレイヤとレイヤの重ね合わせ

1.6　測地系と座標系

地理空間情報をGISに取り入れるとき、まずユーザが直面するのは測地系と座標系の選択である。つまり、地球上の地物の位置はどのような基準で定められているか、地物間の距離はどう測るか、3次元の地表の模様をどのように2次元の地図に表現するか、これらの質問の答えには地球の測地系と座標系に関する知識を理解する必要がある。

周知のとおり、地球上地物の位置は緯度と経度で定められている。一方、緯度と経度は測地系を基準に計測されたものの、実はこれまで各国が様々な独自（異なる）の測地系を採用してきた。

日本は明治以来2002年まで「日本測地系」を利用してきた。世界中でGSPが普及するに連れ、2002年に「測量法及び水路業務法の一部を改正する法律」が公布されて世界標準の「世界測地系」に変更された。測地系の変更によってどのような現象が生じるのか説明するために、図1-7の愛知大学豊橋キャンパスの事例をみる。大学本館の緯度と経度はそれぞれ北緯34,740503と東経137,386572である。この緯度と経度は大学本館位置の一意的な表記にもかかわらず、日本測地系と世界測地系、2つ異なる測地系を採用すると位置のずれが生じることがわかる。

図1-7　異なる測地系による位置のずれ

なぜそのような現象が起こるかを理解するためには、測地系の仕組みを理解する必要がある。橋本氏がまとめた表1-1を用いて、測地系の種類、体系と用途を説明する。

まず、日本で使われる主な測地系には日本測地系と世界測地系がある。日本は2002年まで日本測地系を利用してきたが、2002年からは世界測地系に変更した。現在、日本国内においては、主に世界測地系（JGD2000）と（JGD2011）を使用している。世界規模のGPSやGoogle Mapなどに使われているのは世界測地系（WGS84）である。

図1-8は測地系の仕組みを示す。測地系は準拠楕円体と座標系によって決められる。つまり、どのよ

表1-1 日本で使われた主な測地系のまとめ

測地系名称	楕円体	座標系	投影法	主な用途
日本測地系（Tokyo97） 2002年3月まで	ベッセル	地理座標系（緯経度）		位置の表現
		投影座標系（距離）	平面直角座標系（1～19系）	公共測量
			UTM座標系（51～56帯）	国土地理院の地形図
世界測地系（JGD2000） 2002年4月から 世界測地系（JGD2011） 2012年10月から	GRS80	地理座標系（緯経度）		位置の表現
		投影座標系（距離）	平面直角座標系（1～19系）	公共測量
			UTM座標系（51～56帯）	国土地理院の地形図
世界測地系（WGS84）	WGS84	地理座標系（緯経度）		GPS
		投影座標系（距離）		
			UTM座標系（51～56帯）	国際的なデータ流通

資料出所：橋本雄一、「QGISの基本と防災活用」

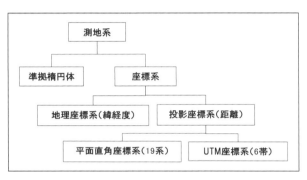

図1-8 測地系の仕組み

表1-2 準拠楕円体の種類と関連の測地系

準拠楕円体名	赤道半径（m）	扁平率の逆数	測地系
ベッセル	6,377,397	299.152813	日本測地系
GRS80	6,378,137	298.257222	世界測地系
WGS84	6,378,137	298.257223	世界測地系

うな準拠楕円体を採用するか、採用した準拠楕円体に対するどのような座標系を使用するかによって測地系が変わる。

測地測量の基準として用いる地球楕円体は「準拠楕円体」とも呼び、測地学において地球のジオイド（平均海面）の形に近似した回転楕円体を指す。表1-2には準拠楕円体の種類と関連の測地系を示す。つまり、各測地系が異なる準拠楕円体を採用すると赤道半径や楕円の扁平率など基本パラメータが異なるので、前述の測地系ごとの位置のずれ（図1-7）が生じてしまう。

座標系は地球表面の地物の位置を数値で定めるシステムであり、地理座標系と平面投影座標系に分けられている。前者の地理座標系は、馴染みのある緯度と経度を用いて世界中のあらゆる地物の位置を一意的に表記できる。

しかし、緯度と経度だけでは我々の日常生活のニーズに対応しきれない。例えば、緯度と経度の概念からは「距離」のイメージがつかみにくい。また、丸い地球表面の距離を平面上の地図に表現すると必ず「歪み」が生じる。その歪みを最小限に抑えるために投影座標系が使われる。投影座標系のイメージを図1-9で示す。地表垂直上の平面に地形を投影すると投影中心部分の図形の歪みを抑えることができる。複数の垂直平面に連続投影した結果、投影座標系の地図が生まれる。投影座標系地図において地物の位置は（x,y）座標で表され、地物間の距離も座標で求められる。行政の公共測量や国道地理院の地形図に使われたのはこの投影座標系である。

投影座標系には、平面直角座標系とUMT座標系、2種類の座標系がある。表1-3は平面直角座標系の

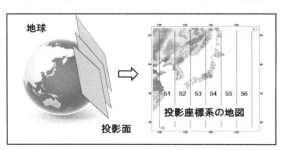

図1-9 投影座標系のイメージ

表 1-3　平面直角座標系の原点と適用区域

No	系番号	座標系原点の経緯度 経度（東経）	座標系原点の経緯度 緯度（北緯）	適用区域
1	I	129度30分0秒0000	33度0分0秒0000	長崎県 鹿児島県のうち北方北緯32度南方北緯27度西方東経128度18分東方東経130度を境界線とする区域内（奄美群島は東経130度13分までを含む。）にあるすべての島、小島、環礁及び岩礁
2	II	131度0分0秒0000	33度0分0秒0000	福岡県 佐賀県 熊本県 大分県 宮崎県 鹿児島県（I系に規定する区域を除く。）
3	III	132度10分0秒0000	36度0分0秒0000	山口県 島根県 広島県
4	IV	133度30分0秒0000	33度0分0秒0000	香川県 愛媛県 徳島県 高知県
5	V	134度20分0秒0000	36度0分0秒0000	兵庫県 鳥取県 岡山県
6	VI	136度0分0秒0000	36度0分0秒0000	京都府 大阪府 福井県 滋賀県 三重県 奈良県 和歌山県
7	VII	137度10分0秒0000	36度0分0秒0000	石川県 富山県 岐阜県 愛知県
8	VIII	138度30分0秒0000	36度0分0秒0000	新潟県 長野県 山梨県 静岡県
9	IX	139度50分0秒0000	36度0分0秒0000	東京都（XIV系、XVIII系及びXIX系に規定する区域を除く。）福島県 栃木県 茨城県 埼玉県 千葉県 群馬県 神奈川県
10	X	140度50分0秒0000	40度0分0秒0000	青森県 秋田県 山形県 岩手県 宮城県
11	XI	140度15分0秒0000	44度0分0秒0000	小樽市 函館市 伊達市 北斗市 北海道後志総合振興局の所管区域 北海道胆振総合振興局の所管区域のうち豊浦町、壮瞥町及び洞爺湖町 北海道渡島総合振興局の所管区域 北海道檜山振興局の所管区域
12	XII	142度15分0秒0000	44度0分0秒0000	北海道（XI系及びXIII系に規定する区域を除く。）
13	XIII	144度15分0秒0000	44度0分0秒0000	北見市 帯広市 釧路市 網走市 根室市 北海道オホーツク総合振興局の所管区域のうち美幌町、津別町、斜里町、清里町、小清水町、訓子府町、置戸町、佐呂間町及び大空町 北海道十勝総合振興局の所管区域 北海道釧路総合振興局の所管区域 北海道根室振興局の所管区域
14	XIV	142度0分0秒0000	26度0分0秒0000	東京都のうち北緯28度から南であり、かつ東経140度30分から東であり東経143度から西である区域
15	XV	127度30分0秒0000	26度0分0秒0000	沖縄県のうち東経126度から東であり、かつ東経130度から西である区域
16	XVI	124度0分0秒0000	26度0分0秒0000	沖縄県のうち東経126度から西である区域
17	XVII	131度0分0秒0000	26度0分0秒0000	沖縄県のうち東経130度から東である区域
18	XVIII	136度0分0秒0000	20度0分0秒0000	東京都のうち北緯28度から南であり、かつ東経140度30分から西である区域
19	XIX	154度0分0秒0000	26度0分0秒0000	東京都のうち北緯28度から南であり、かつ東経143度から東である区域

資料出所：国土地理院

原点と適用区域を示す。日本全土に19の平面直角座標系を設け、地域ごとに適切な座標系を利用することができる。

一方、UMT座標系は、国際的に標準化された地図投影法の一種である。前述の平面直角座標系の19系統に比べ、UTM座標系は51帯から56帯、6つの帯域で日本全土を覆う。より広域的な地図を作成する場合に、また、国際的なデータ流通の場合にUTM座標系が使われる（図1-10）。

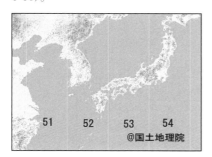

図 1-10　UTM 座標系

1.7　SRID コードと EPSG コード

SRID は空間参照系（Spatial Reference System, SRS）の識別コードである。GIS で空間参照系（SRS）を指定する際に、座標系の測定単位、座標の境界値、線形測定単位と測地系など複数のパラメータを指定する必要がある。SRID コードの使用は、このような複数のパラメータを1つの識別コードにまとめ、数値コードで使用する空間参照系を指定できる。SRID コードは GIS 関連のプログラミングや QGIS の様々な操作画面に使われる。

この SRID コードは、EPSG（European Petroleum Survey Group）という団体によって作成されたので、EPSG コードとも呼ばれている。表1-4 は日本でよく使われる測地系と EPSG コードを示し、表1-5 と表1-6 はそれぞれ世界測地系を用いた平面直角座標系と UTM 座標系に対応する EPSG コードを表す。さらに表1-7 と表1-8 はそれぞれ日本測地系を利用した平面直角座標系と UTM 座標に対する EPSG コードを示す。今後の QGIS 作業、また本書の演習作業の参考にして頂きたい。

表 1-4　測地系と EPSG コード

測地成果	測地系	準拠楕円体	投影座標系	EPSG コード
測地成果 2011	JGD2011	GRS80 楕円体	緯度経度	6668
			UTM 座標系	6688〜6692
			平面直角座標	6669〜6687
測地成果 2000	JGD2000	GRS80 楕円体	緯度経度	4612
			UTM 座標系	3097〜3101
			平面直角座標	2443〜2461
	WGS84 系	WGS84 楕円体	緯度経度	4326
			UTM 座標系	32651〜32656
旧成果	日本測地系 TOKYO	ベッセル楕円体	緯度経度	4301
			UTM 座標系	102151〜102156
			平面直角座標系	30161〜30179

表 1-5　世界測地系の平面直角座標系と EPSG コード

系	EPSG (JGD2011)	EPSG (JGD2000)	区域
1	6669	2443	長崎県、鹿児島県の一部
2	6670	2444	福岡県、佐賀県、熊本県、大分県、宮崎県、鹿児島県の一部
3	6671	2445	山口県、島根県、広島県
4	6672	2446	香川県、愛媛県、徳島県、高知県
5	6673	2447	兵庫県、鳥取県、岡山県
6	6674	2448	京都府、大阪府、福井県、滋賀県、三重県、奈良県、和歌山県
7	6675	2449	石川県、富山県、岐阜県、愛知県
8	6676	2450	新潟県、長野県、山梨県、静岡県
9	6677	2451	東京都の一部、福島県、栃木県、茨城県、埼玉県、千葉県、群馬県、神奈川県
10	6678	2452	青森県、秋田県、山形県、岩手県、宮城県
11	6679	2453	北海道の一部
12	6680	2454	北海道の一部
13	6681	2455	北海道の一部
14	6682	2456	東京都の一部
15	6683	2457	沖縄県の一部
16	6684	2458	沖縄県の一部
17	6685	2459	沖縄県の一部
18	6686	2460	東京都の一部
19	6687	2461	東京都の一部

第1章 GISの基本概念

表 1-6 世界測地系の UTM 座標系と EPSG コード

帯域	EPSG (JGD2011)	EPSG (JGD2000)	区域
51	6688	3097	東経 120-126
52	6689	3098	東経 126-132
53	6690	3099	東経 132-138
54	6691	3100	東経 138-144
55	6692	3101	東経 144-150
56	—	—	東経 150-156

表 1-7 日本測地系（ベッセル楕円体）の平面直角座標系と EPSG コード

系	EPSG コード	区域
1	30161	長崎県、鹿児島県の一部
2	30162	福岡県、佐賀県、熊本県、鹿児島県の一部
3	30163	山口県、島根県、広島県
4	30164	香川県、愛媛県、徳島県、高知県
5	30165	兵庫県、鳥取県、岡山県
6	30166	京都府、大阪府、福井県、滋賀県、三重県、奈良県、和歌山県
7	30167	石川県、富山県、岐阜県、愛知県
8	30168	新潟県、長野県、山梨県、静岡県
9	30169	東京都の一部、福島県、栃木県、茨城県、埼玉県、千葉県、群馬県、神奈川県
10	30170	青森県、秋田県、山形県、岩手県、宮城県
11	30171	北海道の一部
12	30172	北海道の一部
13	30173	北海道の一部
14	30174	東京都の一部（小笠原）
15	30175	沖縄県の一部
16	30176	沖縄県の一部
17	30177	沖縄県の一部
18	30178	東京都の一部（沖ノ鳥島）
19	30179	東京都の一部（南鳥島）

表 1-8 日本測地系（ベッセル楕円体）の UTM 座標系と EPSG コード

帯域	EPSG コード
51	102151
52	102152
53	102153
54	102154
55	102155
56	102156

1.8 GIS ソフトと GIS データ形式

この節では、QGIS と基盤地図情報ビューアを用いて、よく使われる2種類の GIS データ形式、シェープファイル形式と GML 形式を紹介する。

1.8.1 QGIS とシェープファイル形式

まず、QGIS の主な画面構成を確認し、QGIS の環境で見えたシェープファイルの模様を紹介する。

QGIS 画面の上部は、通常の Windows ソフトウェアと同じように、メニューバーとツールバーが備えられている（図 1-11）。ユーザがここから作業に必要な QGIS 機能を選ぶ。左側はブラウザパネルとレイヤパネルがある。ブラウザパネルはソースデータへのアクセスパネルであり、ここから USB に保存するシェープファイルにアクセスしたり、データベースに接続することができる。レイヤパネルはマップレイヤを操作するためのパネルであり、レイヤに関するほとんどの操作はこのパネルを通して行われる。中央のマップビューは QGIS の最も重要な画面であり、マップの表示やマップ作成に使われる。属性テーブルは現在選択しているレイヤの属性を表示する。最後に、右側のプロセッシン

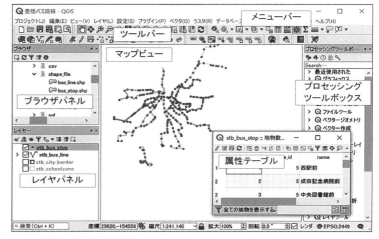

図 1-11 QGIS の主な画面構成

グツールボックスは空間解析のツールボックスであり、空間分析に使われる。

シェープファイル（Shape File）は、空間情報と属性情報をもつ地図データファイルである。米国ESRI社が提唱したベクタデータモデルの記録形式の1つであり、GIS業界の標準フォーマットとして広く使われている。

図1-12はバス停（stb_bus_stop）のシェープファイルを示す。左上図はQGISのブラウザパネルから見えるシェープファイル形式のデータソースである。ここでは、ベクタデータ形式のデータソースは同じアイコンで表現されていることが確認できる。右上図には、QGISのレイヤパネルからみたバス停レイヤを示し、ファイル名の左側の丸円模様はポイント型データを示す。左下図にはQGISのマップビューから見たバス停の空間分布であり、シェープファイルの空間属性（座標と形状）が表現されている。右下図の属性表にシェープファイルの持つ属性情報を表示している。

一方、図1-13はOSのレベルで確認したシェープファイルの構成を示す。図1-12で示した1つのシェープファイルは、実は図1-13に示されるように複数のファイルによって構成されている。シェープファイル名は共通のファイル名（ここでbus_stop）を使っているが、ファイル名の拡張子は異なっている。

図1-13　シェープファイルの構成

表1-9にシェープファイルとして必要不可欠な3つのファイルがリストされている。拡張子がshpになっているファイルは座標や形状など空間情報を格納するファイルである。また、拡張子がdbfになっているファイルは、データベースファイルとして属性情報を保存している。その情報はCSVファイルや表計算ソフトに書き出すことも可能である。これらshpファイルとdbfファイルとの関連付け情報は拡張子shxファイルに保存している。この3つのファイル中のいずれかが破損してしまうとシェープファイルとしての機能が失われる。

表1-9　シェープファイルに必要不可欠の3つファイル

拡張子	用途
shp	図形の座標の保存
dbf	属性情報の保存、dBaseファイルへ書き出し可能
shx	shp図形とdbf属性の対応関係の保存

シェープファイルは複数の要素により構成されたファイル群である。従って、OS環境においてシェープファイルの個別要素をいじらないことは重要である。シェープファイルにおける削除、追加、ファイル名変更などの基本操作はQGIS環境の中で行うべきである。

1.8.2 「基盤地図情報ビューア」とGML形式

GML（Geography Markup Language）とは、地理空間情報を記述するXMLベースのマークアップ言語である。業界団体のOGC（Open Geospatial Consortium）が仕様を策定し、国際標準化機構（ISO）によってISO 19136として標準化されている。また、同バージョンでは日本標準のG-XML

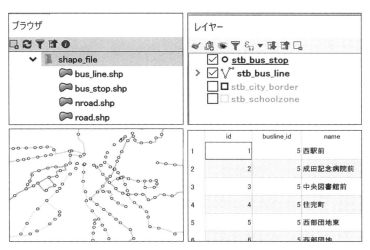

図1-12　QGISから見たシェープファイル：バス停

と仕様が共通化された。

GML 形式のデータは、XML 言語のタグ構造を用いて空間情報と属性情報をテキストベースで記述しているので、コードの可読性が非常に高い（図 1-14）。また、XML タグ構造の柔軟性を生かし、地理空間を持つ各種の情報を統一的な記述法によって蓄積・伝達することができる。日本国土地理院の基盤地図情報データは GML 形式で公開されている。また、このデータを利用する際は、国土地理院が提供している「基盤地図情報ビューア」という無料ソフトウェアを利用できる（図 1-15）。「基盤地図情報ビューア」は、GML 形式データのマッピングだけではなく、GML 形式データをシェープファイルに変換し書き出すこともできる。その詳細については第 2 章で紹介する。

参考文献・資料

村山祐司、柴崎亮介（2008）『GIS の理論（シリーズ GIS）』朝倉書店

橋本雄一（2017）『二訂版　QGIS の基本と防災活用』古今書院

```
- &lt;AdmPt gml:id="K6_4944612474_1"&gt;
      &lt;fid&gt;49446-12474-i-659&lt;/fid&gt;
    - &lt;lfSpanFr gml:id="K6_4944612474_1-1"&gt;
          &lt;gml:timePosition&gt;2015-11-26&lt;/gml:timePosition&gt;
      &lt;/lfSpanFr&gt;
    - &lt;devDate gml:id="K6_4944612474_1-2"&gt;
          &lt;gml:timePosition&gt;2016-12-27&lt;/gml:timePosition&gt;
      &lt;/devDate&gt;
      &lt;orgGILvl&gt;25000&lt;/orgGILvl&gt;
      &lt;vis&gt;非表示&lt;/vis&gt;
    - &lt;pos&gt;
        - &lt;gml:Point gml:id="K6_4944612474_1-g" srsName="fguuid:jgd2011.bl"&gt;
              &lt;gml:pos&gt;34.657084946 137.357338837&lt;/gml:pos&gt;
          &lt;/gml:Point&gt;
      &lt;/pos&gt;
      &lt;type&gt;郡市・東京都の区&lt;/type&gt;
      &lt;name&gt;豊橋市&lt;/name&gt;
      &lt;admCode&gt;23201&lt;/admCode&gt;
  &lt;/AdmPt&gt;
```

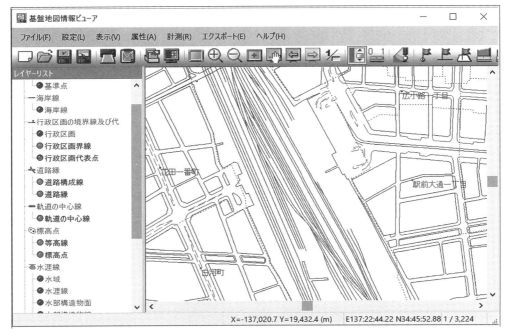

図 1-14　GML 形式の空間情報記述

図 1-15　基盤地図情報ビューア用いた GML データのマッピング

第 2 章　基盤地図情報の可視化

2.1　地域データ可視化の意味

　近年、インターネットや携帯電話の普及、情報技術の高度化に伴い、いわゆる情報化社会が到来し、人々のライフスタイルの変化や「地理空間情報活用推進基本法」などの国策の推進により地域データは飛躍的に増え、入手しやすくなってきた。

　地域データのほとんどは地域社会の実態を記録したものであり、その客観性と多様性が注目され地域研究の糧になりつつある。本章では、こうした地域データを空間ごと、分野ごとに整理し、多様な地域データをGIS上に重ね合わせることで、地域データを視覚的に表現する手法を紹介する。この作業を「地域データの可視化」と呼ぶ。

　本章と次の第 3 章では地域データ可視化の方法を紹介する。地域データの可視化を通して「地域のすがた」の再現と新たな知見の発見を目指す。

　本章では豊橋市を中心とした愛知県東三河地域を対象に、国が公開したオープンデータの「基盤地図情報」について、そのデータの入手方法から主題図の作成までを演習形式で紹介する。

　図 2-1 に本章の主な内容を示す。まず、国土地理院が公開している基盤地図情報について紹介する。次に、基盤地図情報データの入手、シェープファイルへの変換と新規のQGISプロジェクト環境作成の手順を解説する。さらに主題図の概念を紹介し、主題図の作成演習として基盤地図データを用いた地域ベースマップの作成方法を紹介する。具体的にはメッシュデータから行政区界の抽出、レイヤプロパティの設定とマップ画像ファイルの出力など、主題図作成の基本手法を習得する。

```
2.1  地域データ可視化の意味
2.2  基盤地図情報の入手
    2.2.1  基盤地図情報のダウンロード
    2.2.2  GML形式からシェープファイル形式へのデータ変換
    2.2.3  QGISプロジェクト環境の作成
2.3  主題図の概念
2.4  地域ベースマップの作成
    2.4.1  作業環境の整備
    2.4.2  市境界の抽出
    2.4.3  その他の地物の抽出
    2.4.4  レイヤプロパティの設定
    2.4.5  マップ画像ファイルの出力
```

図 2-1　本章の主な内容

2.2　基盤地図情報の入手

　基盤地図情報とは、平成 19 年に施行された「地理空間情報活用推進基本法」によって規定された電子地図の空間位置を定める基準情報である。具体的に、基盤地図情報は①電子地図用の空間情報であり、

表 2-1　基盤地図情報として定められた 13 項目

No	項目
1	測量の基準点
2	海岸線
3	公共施設の境界線（道路区域界）
4	公共施設の境界線（河川区域界）
5	行政区画の境界線及び代表点
6	道路縁
7	河川堤防の表法肩の法線
8	軌道の中心線
9	標高点
10	水涯線
11	建築物の外周線
12	市町村の町若しくは字の境界線及び代表点
13	街区の境界線及び代表点

第2章 基盤地図情報の可視化

②その内容は測量の基準点、海岸線、公共施設の境界線や行政区画等の位置情報など含む13項目（表2-1）であり、③その情報は電磁媒体に記録することが定められている。

国土交通省の国土地理院が基盤地図情報の整備と運用を行っている。整備された基盤地図情報はインターネットにより無償で提供されている。次節では基盤地図情報の入手方法について解説する。

2.2.1 基盤地図情報のダウンロード

国土地理院の基盤地図情報サイト http://www.gsi.go.jp/kiban/index.html に基盤地図情報が公開されている。このサイトにアクセスすると図2-2のように「基盤地図情報のダウンロード」のボタンが確認できる。また、その下には「基盤地図情報の整備状況」や「基盤地図情報とは」のリンクもあるので必要に応じて内容を確認して欲しい。次に、［基盤地図情報ダウンロード］ボタンを押すと図2-3のダウンロード画面が現れる。

さらに図2-3の［基本項目］の［ファイル選択へ］のボタンを押すと図2-4の［基盤地図情報ダウンロードサービス］画面に移動する。この画面左側の［基本項目］において、［検索条件指定］＞「全項目」、また［選択方法指定］＞「市区町村で指定」から必要な市区町村を選択し［選択リストに追加］ボタンを押すと、選択された対象エリアが現れる。

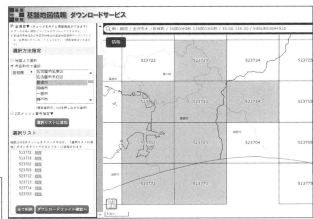

図 2-4　基本項目の検索条件指定画面

ここでもし不要なエリアがあれば［選択リスト］の中から削除が可能である。エリアの確認ができたら、［ダウンロードファイル確認へ］ボタンを押すと次の「ダウンロードファイルリスト」の確認画面に移動する（図2-5）。

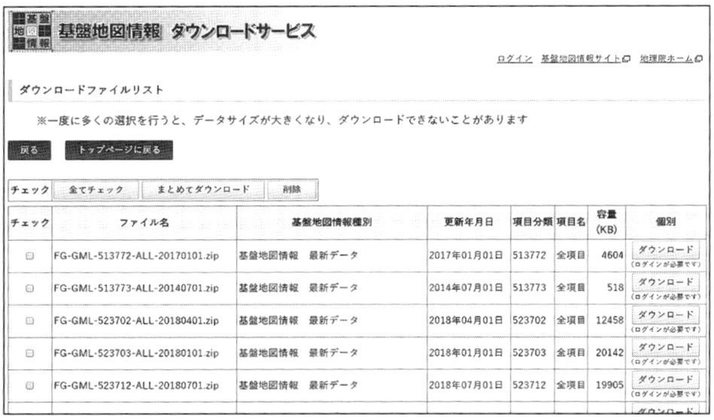

図 2-2　国土地理院の基盤地図情報サイト

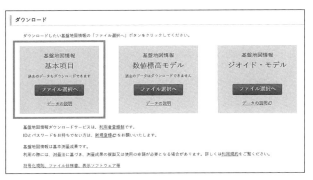

図 2-3　基盤地図情報・基本項目の選択

図 2-5　ダウンロードファイルの選択

この画面ではダウンロードファイルリストが表示される。必要なファイルを個別にダウンロードするか、あるいはまとめてダウンロードするかを選択す

ることが可能である。いずれの場合も［ダウンロード］ボタンを押すとユーザIDとパスワードの入力が求められる。

基盤地図情報ダウンロードサービスは無料だが利用者登録が必要である。ダウンロードする際には利用者登録を行い、IDおよびパスワードを取得する。また、利用の際には測量法に基づき測量成果の複製又は使用の申請が必要となる場合があるが、詳細については利用規約に記載されている。

ユーザIDとパスワードを入力するとデータのダウンロードが可能になる。データは「PackDLMap.zip」という圧縮されたデータファイルにまとめられている。このデータファイルはそのまま「基盤地図情報ビューア」に利用されるので、解凍の必要はない。その詳細については次節で解説する。

2.2.2 GML形式からシェープファイル形式へのデータ変換

すでに第1章の第7節で紹介したように、基盤地図情報はGML形式でデータを公開している。そのデータの読み取りと形式変換には、国土地理院が提供する「基盤地図情報ビューア」というソフトウェアをダウンロードする必要がある。図2-3最下部の［符号化規則、ファイル仕様書、表示ソフトウェア等］リンクをクリックすると、［基盤地図情報ビューア］（FGDV.exe）がダウンロードできる。また、図2-6のように本節の演習環境を作成し、ダウンロードしたファイルを保存する。

図2-6　フォルダ構成

［基盤地図情報ビューア］をダウンロードし解凍すると、「FGDV」というフォルダ内に「FGDV.exe」というファイルがあり、それをダブルクリックすると「基盤地図情報ビューア」が起動する。次に、既にダウンロードした基盤地図情報の圧縮ファイル「PackDLMap.zip」を「基盤地図情報ビューア」にドラッグ＆ドロップするとデータが図2-7のように表示される。

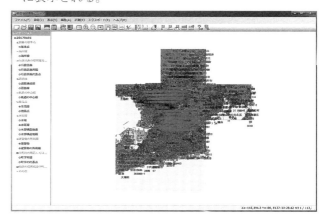

図2-7　基盤地図情報ビューア

次に［エクスポート］メニューの「エクスポート（E）…」を選択すると図2-8のエクスポート画面が現れるので、以下の様に設定の後「OK」ボタンを押す。

図2-8　基盤地図情報ビューアのエクスポート画面

［変換種別］⇒「シェープファイル」を選択する。
［変換する要素］⇒左下の「すべてON」によって全てを選択するか、分析に必要な要素の左に✓をつける。
［直交座標系に変換］⇒チェックボックスに✓を入れ「7系」を選択する。

［変換する領域］⇒「全データ領域を出力」を選択する。
［出力先フォルダ］⇒データを保存するフォルダを指定する（※コラム参照）。

この操作により、基盤地図情報からダウンロードした GML 形式のデータがシェープファイル形式に変換される。ここで［変換する要素］の選択には注意が必要である。都市部などでは基盤地図情報のデータ量が非常に多いため処理に大きな負荷をかかることになり、場合によっては非常に長い処理時間が必要となることもある。従って、研究の必要性に見合った要素の選択や、広域範囲を複数のエリアに分けた分散処理などの工夫が必要になる。

2.2.3　QGIS プロジェクト環境の作成

次に基盤地図情報を用いて QGIS で豊橋ベース

コラム：データを USB に保存する場合

演習を行うときに、データを USB メモリ等に保存するケースが多い。その際には、以下の注意事項があります。

1. USB の接続ドライブ番号の確認

    USB メモリなど外部記憶装置を PC につないだ場合、その PC の環境によって自動的に割り振られるドライブ名（例えば「D:¥」）が必ずしも同じにならない可能性があります。

2. データ保存パス（住所）の確認

    下図の例では、USB メモリ（MyUSB とする）に「GIS 演習」というフォルダを作り、その下に「豊橋基盤地図」というプロジェクト名のフォルダを作ります。更にその中に「data」フォルダを作り、シェープファイルに変換したファイル群を保存します。

    このとき、末端の「Data」フォルダに保存するファイルにとって、ファイルのパス、つまり保存場所は、絶対パスと相対パス 2 とおりの記述法があります。

    ① 絶対パス：PC のドライブ番号から末端のファイル名まで含むパスの記述（右図の実線）

    ② 相対パス：作業中のフォルダ（例えば、「GIS 演習フォルダ」）から末端のファイル名まで含むパスの記述（右図の破線）

3. USB のデータ保存には相対パスを利用すべき

    USB の接続ドライブ番号は、接続するたびに変わる可能性があるため、絶対パスは使うべきではありません。相対パスを利用するためには以下の 2 点を心掛けましょう。

    (a) データを作業内容に合わせ、体系的に整理、保存すること

    (b) QGIS ファイルは「相対パス」で保存すること（詳細は次節で説明）

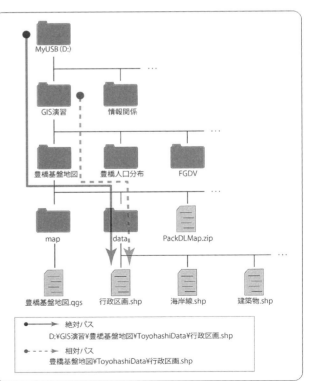

マップの作成を試みる。まず、はじめに QGIS を使ってマップを作成するために必要な環境の設定について解説を行う。

起動時に開くプロジェクトファイルの設定

QGIS のデータ、マップと関連パスなどの情報はプロジェクト単位でまとめて管理し、拡張子 .qgs のプロジェクトファイルに保存されている。

QGIS の初期設定として、起動時にプロジェクト履歴が表示されるようになっている。その場合、ユーザは必要に応じて表示されるプロジェクトをダブルクリックすれば、既存の作業を継続して進めることができる。但し、大学の実習室の PC や自分専用の PC でない場合には、他人のプロジェクトが表示されている場合もあるので注意が必要である。それを避けるためには、QGIS 起動時にプロジェクト履歴を表示しないように設定を変えることを勧める。

図 2-9 の上側は QGIS の起動直後に表示されたプロジェクト履歴の画面を示す。この設定を変更するためには、メニューバーから［設定］＞［オプション］＞［一般情報］に進み、［起動時に開くプロジェクト］の設定を「ウエルカムページ」から「新規」に設定し直す（図 2-9 下）。このように設定すると QGIS 起動時に履歴を表示せず、新規状態になる。

既存のプロジェクトを継続して作業をするにはメニューバーの［プロジェクト］＞［開く］から対象とするプロジェクトファイル（拡張子が .qgs のファイル）を選択する。

プロジェクト座標系の設定

新たにプロジェクトを起動するときには、最初にプロジェクトの座標系の設定とプロジェクトファイルの保存を行う。

座標系の設定は［プロジェクト］＞［プロジェクトプロパティ］＞［CRS］を選択する。図 2-10 に CRS（Coordinate Reference System: 座標参照系）設定画面を示す。この章では豊橋市を中心としてデータの分析・可視化を行うため、座標系は平面直角座標系第 7 系の EPSG コードを指定する（表 1-5 参照）。その際の設定は以下のとおりである。

図 2-10　座標系設定画面

［フィルター］⇒「2449」

［世界の座標参照系］⇒「JGS2000/Japan Plane Rectangular CS Ⅶ」（世界測地系の平面直角座標系第 7 系（EPSG:2449）を選択する。

［選択した CRS］⇒ CRS を確認（豊橋市を含むエリアが選択されていることを確認）する。

設定後に［OK］を押す。

シェープファイルの読み込みとプロジェクトファイルの保存

プロジェクトの座標系を設定した後、前節で変換したシェープファイルを QGIS に読み込む。そのためにはブラウザパネルを利用し、PC のファイルシステムにアクセスすると、シェープファイルに変換

図 2-9　QGIS 起動時開くプロジェクトファイルの設定

したデータフォルダを確認できる（図 2-11）。ここにはシェープファイルのみ（拡張子 .shp）が表示される。次に、必要なデータを選択しレイヤパネルにドラッグ＆ドロップすることで、そのレイヤが地図ビューに表示される。ブラウザパネルで複数のデータを選択する場合には［Control］キーを押しながら追加していく。図 2-11 のように、選択したデータ上で右クリックし「選択したレイヤをキャンパスに追加」を選択することでも表示が可能である。

図 2-11　レイヤへのデータ追加

また、［レイヤ］＞［レイヤの追加］＞［ベクタレイヤの追加］の順で［データソースマネージャー］を利用することもできる(図 2-12)。この［データソースマネージャー］を使用する場合、エンコーディングの設定を通してレイヤの日本語表示コードを確認できる。図 2-13 では、例として豊橋市における「行政区画」「行政区画界線」「町字の代表点」「町字界線」の 4 レイヤを表示している。なお、読み込み後にステータスバーの CRS が変わった場合には、再度座標系を JGS2000/Japan Plane Rectangular CS Ⅶ、EPSG:2449 に設定する。

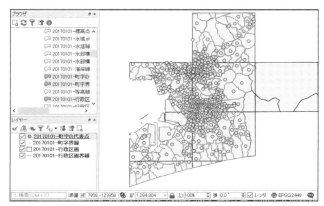

図 2-13　シェープファイルの選択と読み込み

最後にこのプロジェクトを「豊橋基盤地図」として既に作成済みのフォルダ内に同名のプロジェクトファイルとして保存する。メニューバーの［プロジェクト］＞［名前をつけて保存］を選び、「ファイルの種類」は「QGIS ファイル」を選択し「.qgs」の拡張子が付くことを確認して保存する。

プロジェクトファイルを USB に保存する際には、相対パスで保存することを勧める。そのためには、メニューバーから［プロジェクト］＞［プロジェクトプロパティ］＞［一般情報］の順で［保存パス］が「相対パス」となっていることを確認する（図 2-14）。

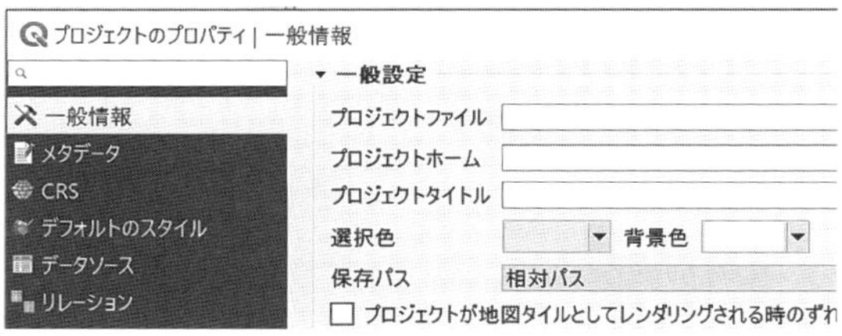

図 2-14　相対パスでの保存

2.3　主題図の概念

地図は、通常「一般図」と「主題図」に分けられる。

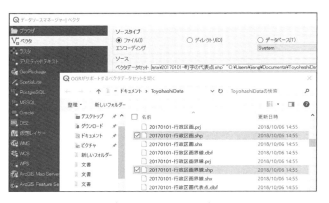

図 2-12　データソースマネージャーの利用

一般図は、地形の状態を縮尺に応じて正確に表した白地図や地形図を指す。それに対し、主題図は利用目的に応じてある特定のテーマを表現した地図を指す。例えば、都市の公共交通システムや人口などの統計データや経済、自然などの様々な事象をテーマ（主題）として、それを地図上で色分けしたり、円グラフなどを使って表現したものが主題図である。

主題図の視覚的な効果は複数レイヤを上層から下層へ重ね合わせることで実現されている。そのため、主題図の作成は各レイヤプロパティの設定、つまり、レイヤ名称、色、地物表記などの設定を通して行われる。

また、主題図の作成は一般的に下層レイヤから上層レイヤの順に各レイヤのプロパティの設定を行う（図2-15）。さらに、未設定レイヤの表示チェックを外し、設定済みのレイヤには表示チェックを入れる。こうしてレイヤ設定作業の進捗に合わせ少しずつ理想的な主題図のすがたにたどり着く。次節では「豊橋ベースマップ」の主題図を作成するための手順を解説する。

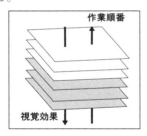

図 2-15　主題図の作成

2.4　地域ベースマップの作成

2.4.1 作業環境の整備

まず、図2-16に示すような豊橋ベースマップ作成の環境整備を行う。特にデータをUSBに保存する場合、「豊橋ベースマップ」フォルダ以下の階層を作成することが大切である。データは「data」フォルダに保存し、その中をさらに「csv」フォルダと「shape_file」フォルダとに分ける。画像ファイルやQGISプロジェクトファイルは、それぞれ「image」と「map」フォルダに保存する。

図 2-16　フォルダ構成

2.4.2　市境界の抽出

基盤地図情報はメッシュ単位でダウンロードされている（図2-17の左図）。その結果、豊橋と隣接する行政区画も含まれており、また豊橋も複数のメッシュ格子に分割されている。

そこで、豊橋基盤地図情報から主題図の対象範囲である豊橋市境界を抽出する。具体的には（a）主題図対象外の地物：豊橋市防波堤のデータを削除し、（b）豊橋市境界を抽出する。

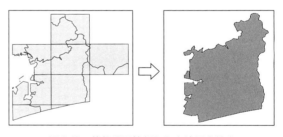

図 2-17　基盤地図情報から市境界を抽出

（a）対象外地物：防波堤の削除

図2-18と以下に示す手順で防波堤を削除する。

①レイヤパネル：対象レイヤ（行政区画）を選択する
②デジタイジングツールバー：編集モードに切替
③属性ツールバー：地物選択ボタンを押す
④地図ビュー：対象地物を囲むように選択する。［Shift］を押しながら複数地物の選択可能
⑤デジタイジングツールバー：選択した地物を削除する
⑥デジタイジングツールバー：選択するレイヤの保存ボタンを押す

第 2 章 基盤地図情報の可視化

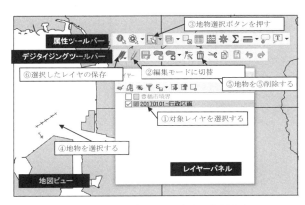

図 2-18 基盤地図情報から防波堤を削除する

(b) 市境界の抽出

市境界の抽出作業は 2 段階に分けて行う。まず、空間演算ツールのディゾルブ（Dissolve）機能を用いて基盤地図情報のメッシュ格子を行政区単位の市境界に融合する。次は、融合した多数の市境界から豊橋市境界を抽出し、別名で保存する。

メニューバーから［ベクタ］＞［空間演算ツール］＞［ディゾルブ］の順で選び、図 2-19 のディゾルブ画面が現れた後、以下の設定を行う。

［入力レイヤ］⇒行政区画
［一意の ID フィールド］⇒横にある選択ボタンを押し、「複数選択」画面から「名称」に✓し、［OK］を押す

設定後［バックグランドで実行］を押す。

ディゾルブ処理すると図 2-20 左図に示したように新たに 1 つの「融合」レイヤが追加される。次に「融合」レイヤを選択し、［デジタイジングツールバー］から「地物の選択」ボタンを押し、豊橋市の範囲をクリックすると、図 2-20 右図のように豊橋市が選択される。

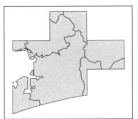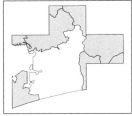

図 2-20 豊橋市境界の選択

メニューバーから［レイヤ］＞［名前を付けて保存］の順に選択すると図 2-21 の［ベクタレイヤを名前で保存］画面が現れるので、以下の設定を行う。

［形式］⇒「ESRI Shapefile」
［ファイル名］⇒図 2-16 の作業環境に示した shape_file フォルダ内で、ファイル名を「市境界」とする
［CRS］⇒「EPSG2449」（図 2-10 を参照）
［エンコーディング］⇒「Shift_JIS」を選び、日本語の文字化けを防ぐ
「選択地物のみ保存する」⇒✓を入れると選択された豊橋市だけが保存される

以上を設定後［OK］を押す。

図 2-19 行政区名ごとのディゾルブ

図 2-21 豊橋市境界の保存

2.4.3 その他の地物の抽出

次に、前節で抽出した市境界データを用いて基盤地図情報から主題図に必要なその他の地物を抽出する。つまり、基盤地図情報から豊橋市の範囲だけを切り取ることを意味する。紙面の都合により主題図に使用する地物は河川、鉄道、道路、建物と水域に限る。

QGISにおいて、決められたポリゴン枠によって別の地物を切り取る機能をクリップ（Clip）と呼ぶ。まず、対象地物、例えば「町字界線」をレイヤパネルに追加し、またクリップレイヤ「市境界」がレイヤパネルに存在することを確認し、両者のEPSGが同じく2449であるように設定しておく（図2-10を参照）。次に、メニューバーから［ベクタ］＞［空間演算ツール］＞［クリップ］の順で図2-22のクリップ画面が現れた後、以下の手順で地物を切り取る。

図2-22 地物のクリップ（切り取り）

［入力レイヤ］⇒基盤地図情報の地物、例えば町字界線
［クリップレイヤ］⇒前節で抽出された市境界ポリゴン
［クリップされた］⇒右のボタンを押し、［Save to File…］を選択する。図2-16の「shape_file」フォルダを選択し、［ファイル名］に出力地物名を入力する。この例では「町字界線」とする。

設定後［バックグラウンドで実行］を押す。

あとは同じ方法で表2-2の地物を抽出し、レイヤパネルの順番を並べ替える（図2-23）。

表2-2 主題図（豊橋ベースマップ）のレイヤ一覧

No	基盤地図情報名	主題図の地物名	レイヤパネルの階層（上層から下層へ）
1	軌道中心線	鉄道	1
2	道路構成線	道路構成線	2
3	道路縁	道路縁	3
4	建築物	建物	4
5	水部構造物線	河川	5
6	水部	水域	6
7	行政区画	市境界	7

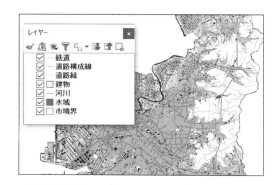

図2-23 主題図：豊橋ベースマップのレイヤ一覧

2.4.4 レイヤプロパティの設定

図2-15と図2-23に示したように、主題図の作成はレイヤパネルの下層レイヤから上層レイヤへ、各々のレイヤプロパティの設定を通して行われる。なお、レイヤプロパティ設定の項目は多岐にわたるため、ここではその一部を紹介する。読者は必要に応じてQGISのヘルプや関連書籍、Webサイトで調べることを勧める。

①レイヤプロパティを開く

レイヤを選択し、マウスでダブルクリック、あるいはマウスを右クリックし［プロパティ］で図2-24に示すレイヤプロパティを開く。次の②以降はレイヤプロパティ内での設定項目について記す。

第 2 章 基盤地図情報の可視化

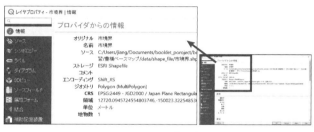

図 2-24 レイヤプロパティ

② レイヤプロパティ：情報

情報タブはレイヤデータの基本情報を表示している。特に、データソースの保存場所、日本語エンコーディングの種類、空間座標系の参照など重要な情報が記載されている。データソースにアクセスしたときに日本語の文字化けやマップの表示ずれなどの問題が生じた場合は、このレイヤ情報を確認することが必要である。

③ レイヤプロパティ：ソース

ソースタブではレイヤ名の設定、データエンコーディングの設定、座標参照系の設定が可能である（図2-25）。

図 2-25 レイヤプロパティ：ソース

レイヤ名はデータソース名と異なる名称として設定できる。また、レイヤ名は画像出力時の凡例に表示される。

④ レイヤプロパティ：シンボロジー

シンボロジータブは、レイヤプロパティの設定において最も利用されるタブと言えよう。

シンボロジータブは主に地物面の色設定、境界線の色やスタイルの設定とレイヤ透過度の設定に使われる（図2-26）。

図 2-26 レイヤプロパティ：シンボロジー

この節では地物面の塗りつぶしの単色（Simple fill）、属性のカテゴリ（Categorized）による多色塗りと塗りつぶしなしの3つの方法を紹介する。例として「市境界」（塗りつぶし無し、図2-27）、「水域」（単色塗りつぶし、図2-28）、「建物」・「鉄道」（属性カテゴリで塗りつぶし、図2-29）のレイヤ設定を示す。

市境界：塗りつぶしなし（図2-27）

［Singles symbol］⇒選択

［□ Simple fill］⇒選択

［塗りつぶしスタイル］⇒ブラシなし

［ストローク太さ］⇒ 0.86

水域：単色塗りつぶし（図2-28）

［Singles symbol］⇒選択

［□ Simple fill］⇒選択

［塗りつぶし色］⇒青

［塗りつぶし色スタイル］⇒塗りつぶし

［ストローク太さ］⇒ 0.2

建物、鉄道：属性カテゴリで色を塗りつぶし（図2-29）

［Categorized］⇒選択

［カラム］⇒種別

［分類］⇒押すと、種別カテゴリごとに色が分けて

いる。最後に分類のないシンボル1つが現れる。それを選択し、削除ボタン「—」を押し、削除する。

［シンボル］⇒鉄道の場合、「索道」、「特殊軌道」、「普通鉄道」および「路面の鉄道」に✓を入れることを確認

［不透明度］⇒鉄道：80％、建物：30％

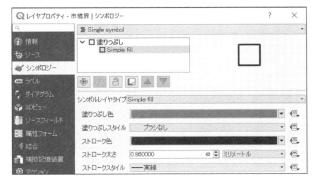

図2-27　シンボロジー：塗りつぶしなし

図2-28　シンボロジー：単色塗りつぶし

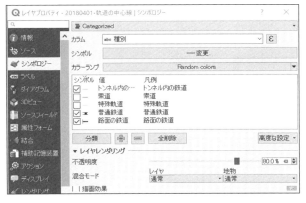

図2-29　シンボロジー：属性カテゴリで塗りつぶし

⑤ 種別のラインタイプ変更

図2-30はシンボロジーの色設定後の中間結果を示す。次に図2-31に示した鉄道の種別に対し、それぞれのラインスタイルを変更し、鉄道種別の差異を視覚的に表現することを試みる。図2-31の上図のレイヤパネルにおいて、「鉄道」レイヤには4つのカテゴリ項目、「索道」、「特殊軌道」、「普通鉄道」と「路面の鉄道」がある。各項目をダブルクリックすると、［シンボルセレクタ］が開かれ（図2-31の中図）、項目ごとにシンボルの設定が可能となる。シンボル設定後の様子は図2-31下図に示す。

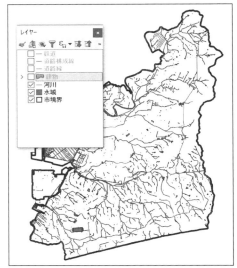

図2-30　シンボロジー設定後の中間結果

第 2 章 基盤地図情報の可視化

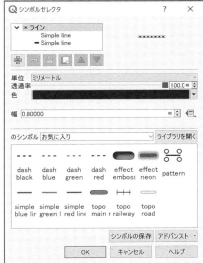

図 2-31 鉄道シンボルの設定

以下、路面の鉄道と普通鉄道のシンボル設定について解説する。「路面の鉄道」の「シンボル」欄をダブルクリックし［シンボルセレクタ］を表示させ、以下の設定を行う。
［色］⇒黒を選択する
［幅］⇒適当で良いが例として 2.4
［シンボル］⇒「topo railway」を選択。選択後、右上にサンプルが表示される。

設定後に［OK］を押す。「普通鉄道」のシンボルは図 2-32 に示すように 2 層の「Simple Line」を重ね合わせ鉄道模様のシンボルを表現しているが、その設定は以下のとおりである。「＋」ボタンを押し、二層の Simple Line を設置する。

図 2-32 普通鉄道シンボルの設定

上層の Simple Line の設定：
［シンボルレイヤタイプ］⇒「Simple line」を選択
［色］⇒「白（#ffffff）」を選択
［ストローク太さ］⇒「0.6」ミリメートルに設定
［オフセット］⇒「0」に設定
［ストロークスタイル］⇒点線
［破線を使用］⇒✓を入れない
［レイヤーを有効にする］⇒✓を入れる

下層の Simple Line の設定：
［シンボルレイヤタイプ］⇒「Simple line」を選択
［色］⇒「黒（#000000）」を選択
［ストローク太さ］⇒「1.0」ミリメートルに設定
［オフセット］⇒「0」に設定
［ストロークスタイル］⇒「実線」に設定
［レイヤーを有効にする］⇒✓を入れる

最後に鉄道レイヤの透過度を 80％に設定し［OK］を押す。完成した結果が図 2-33 の背景図である。こうしたレイヤのスタイル情報は、「Layer Definition

File」として保存可能である（図2-33）。保存された拡張子 .qlr のレイヤスタイルファイルを再利用することで、詳細なシンボル設定作業を省くことができる。

また、レイヤプロパティに「ラベル」タブもあり、地物ラベルを付けることができる。

図2-34　新規プリントレイアウトの画面とツールボックス

図2-33　レイヤシンボル設定の結果とレイヤスタイルの保存

2.4.5　マップ画像ファイルの出力

QGIS で作成した主題図をレポートとしてまとめるためには JPEG 画像や PNG 画像として主題図をファイルに出力する必要がある。ここでは主題図に縮尺記号、方位記号、凡例を追加したうえで画像ファイルとして保存する方法を説明する。

①「新規プリントレイアウト」の作成

画像として出力しようとするおよその範囲を地図ビューに表示しておく。次に、メニューバーの［プロジェクト］＞［新規プリントレイアウト］を選択するとダイアログボックスが表示されるので、「豊橋ベースマップレイアウト」などの名称を設定する。プリントレイアウトは複数設定可能であり、レイアウト画面における［レイアウト］＞［レイアウトマネージャ］によって管理可能である。従って、レイアウト名は表示内容を推測できるような名称を付けることが望ましい。［OK］を押すと図2-34のような新しいウィンドウが表示される。

② 新しい地図をレイアウトに追加

ツールボックスの①「新しい地図をレイアウトに追加します」ボタンを押し、印刷イメージエリア（画面中央の白い大きな部分）で地図を表示させたい範囲を指定する。具体的にはボタンを押した後に印刷イメージエリアでマウスポインタを移動させるとマウスポインタが太い「＋」に切り替わるので、その状態で左上から右下に掛けてドラッグする。また、ツールボックス内の②「アイテムを移動/選択」を選択し作成した地図をクリックすると「アイテム設定」ウィンドウに地図アイテムの設定が表示され、領域や回転、縮尺などの詳細な指定が可能となる。更に1枚のレイアウトに複数の地図も表示可能となっており、サイズ調整は地図の8方向にあるハンドルをドラッグすることで調整可能である。ここでは詳細は説明しないが様々な設定が可能である。

③ 凡例の追加と変更

ツールボックス内の③「新しい凡例をレイアウトに追加します」を選択し、レイアウト内で凡例を表示させたい範囲をドラッグするとその場所に凡例が追加される（図2-35の左図）。追加されるとアイテムプロパティ画面に凡例の詳細が表示される（図

図2-35　凡例の追加と表示変更

2-35 の中央図)。

　凡例を追加するとレイヤウィンドウの全てのレイヤが凡例として表示されるが、主題図として必要のない項目の削除、項目順番の入れ替えが必要となる。また、項目名の修正と文字フォントの変更などの編集作業が可能である。そのためには図 2-35 の中央図に示すように「自動更新」のチェックマークを外すと、以下の凡例アイテム編集ツールバーが使えるようになる。

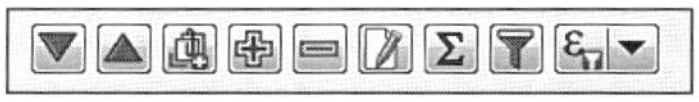

図 2-36　凡例アイテム編集ツールバー

　図 2-36 の凡例アイテム編集ツールバーを利用すると上下移動、グループ追加そして項目の追加と削除、項目名などの編集ができる。また、その下の「フォント」タブでは凡例のタイトルやグループ、アイテムなどを別フォントとして設定が可能である。図 2-35 の右図は編集済みの凡例を示す。

④ スケールバーの追加

　ツールボックス内の④「新しいスケールバーをレイアウトに追加します」(図 2-34) を選択し、レイアウト内でスケールバーを表示したい範囲をドラッグするとその場所にスケールバーが追加される。

⑤ 方位記号の追加

　ツールボックス内の⑤「新しい画像をレイアウトに追加します」(図 2-34) を選択し、レイアウト内で方位記号を表示させたい範囲をドラッグすると、その場所に画像追加用の枠が表示され、アイテムプロパティ画面に画像の詳細が表示される。図 2-37

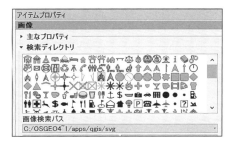

図 2-37　方位記号の選択

のように「画像」カテゴリが現れ、その下の [検索ディレクトリ] を展開すると様々な記号が表示される。その中から方位記号に適した記号を選択すれば、その記号が画像枠に表示される。完成した主題図を図 2-38 に示す。

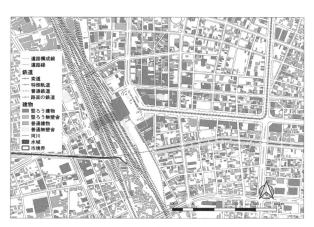

図 2-38　完成した主題図

⑥ 画像の書き出し

　作成した主題図をレポートやプレゼンテーションに利用するためには画像ファイルとして書き出す必要がある。[レイアウト] メニューでの出力では以下の 3 種類に対応しているため、用途に合わせたファイル形式を選択して出力することができる。

[Export as Images…] ⇒ PNG, JPEG, TIFF, BMP 等に出力

[Export as SVG…] ⇒ SVG (Scalable Vector Graphics) に出力

[Export as PDF] ⇒ PDF に出力

第 3 章　地域社会情報の可視化

本章では普段我々の肉眼に見えない地域情報、例えば、地域の統計的な情報、或いは地域の政策や資源に関わる情報を取り上げ、その可視化を試みる。本章の主な内容を図 3-1 に示す。

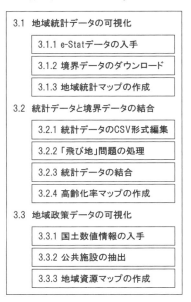

図 3.1　本章の主な内容

3.1　地域統計データの可視化

本章は国勢調査データを用いて地域統計データの可視化の手法を解説する。国勢調査とは、統計法に基づいて 5 年に一度実施される人口および年齢・性別や世帯の構成などを調べる全数調査である。第 1 回国勢調査は 1920 年（大正 9 年）に実施され、前回 2015 年に実施された調査で 20 回目となった。その結果は総務省統計局から発表されるが、2008 年からは日本の政府統計関係情報のワンストップサービスとして e-Stat（政府統計の総合窓口、https://www.e-stat.go.jp）がポータルサイトとして運用を開始した。e-Stat では各府省が公表する各種統計情報をインターネットを通して利用することが可能となった。

本節では国勢調査の結果を e-Stat からダウンロードし、豊橋市内の町単位の人口密度の違いをコロプレスマップ（階級区分図）として表示する。

3.1.1　e-Stat データの入手

提供されているデータの確認

政府統計総合窓口 e-Stat（https://www.e-stat.go.jp）にアクセスすると、図 3-2 の上図の様なページが表示される。さらに［統計 GIS］リンクをクリックすると、統計 GIS のトップページに進み（図 3-2 の下

図 3-2　e-Stat のトップページと統計 GIS のページ

第 3 章　地域社会情報の可視化

表 3-1　統計 GIS が提供するデータサービスの一覧

項目	内容
地図で見る統計（jSTAT MAP）	WebGIS とデータを用いて、誰でも利用できる地域分析の環境を提供している。
統計データダウンロード	国勢調査、事業所・企業統計調査、経済センサス－基礎調査・活動調査、農林業センサスの政府統計データがダウンロードできる。
境界データダウンロード	統計対象区域の境界データを小地区やメッシュ単位で提供している。

図）、ここから必要なデータを入手できる。

　地図で見る統計（統計 GIS）では、表 3-1 に示した 3 項目のデータサービスを提供している。また、「統計データ」の「国勢調査（小地域）」は以下の統計指標で集計したデータを提供している（表 3-2）。

表 3-2　国勢調査（小地域）のデータ一覧

No	統計データ
1	男女別人口総数及び世帯総数
2	年齢（5 歳階級、4 区分）別、男女別人口
3	世帯人員別一般世帯数
4	世帯の家族類型別一般世帯数
5	住宅の種類・所有の関係別一般世帯数
6	住宅の建て方別世帯数
7	産業（大分類）別及び従業上の地位別就業者数
8	職業（大分類）別就業者数
9	世帯の経済構成別一般世帯数境界データ

3.1.2　境界データのダウンロード

　e-Stat トップページ(図 3-2 上図)の[統計 GIS]＞[境界データダウンロード]の順に選択した後、それぞれの画面で以下の様に選択する。

[境界一覧]⇒「小地域」を選択
[政府統計名]⇒「国勢調査」を選択
[国勢調査]⇒「2015 年」を選択
[2015 年]⇒「小地域（町丁・字等別）」を選択
[データ形式一覧]⇒「世界測地系平面直角座標系・Shape 形式」を選択
[データダウンロード]⇒「愛知県」
[データダウンロード]⇒「23201　豊橋市」の欄にある「世界測地系平面直角座標系・Shape 形式」を選択

　最終的には図 3-3 のように「豊橋市」の横にある「世界測地系平面直角座標系・Shape 形式」をクリックしてダウンロードし、作成しておいた「国勢調査

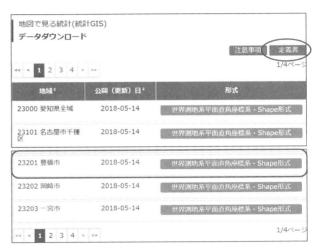

図 3-3　豊橋市のシェープファイル選択

2015 年」フォルダの中に保存する。このデータの定義書は同ページの右上にある「定義書」からダウンロード可能である。ダウンロードしたデータは属性テーブルを見れば予測できるが、正確に理解するためには定義書をダウンロードすることを勧める。

　豊橋市のデータは「A002005212015XYSWC23201」フォルダとしてダウンロードされ、その中には「h27ka23201」というシェープファイルが含まれている。本節の演習テーマは豊橋統計マップの作成である。これまでと同じように演習テーマに合わせた作業環境を作成し（図 3-4）、ダウンロードした

図 3-4　フォルダ構成

「h27ka23201.shp」シェープファイルを「shape_file」フォルダに保存する。

基盤地図情報と同じく、ファイル「h27ka23201.shp」を選びレイヤパネルにドラッグ＆ドロップをすると地図ビューに表示される。データが読み込まれた後、CRS が世界測地系平面直角座標系第VII系（EPSG:2449）になっていることを確認する。また、読み込んだレイヤの名称を内容と一致させるため、［レイヤプロパティ］＞［ソース］＞［レイヤ名］の順でレイヤ名を「豊橋国勢調査2015」に変更する。名称変更まで終わった段階の画面を図 3-5 に示す。

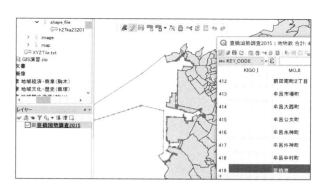

図 3-6　不要な地物の削除

ンを押し、再度 ID = 419 のデータを選択し［削除］ボタンを押す。最後に［編集内容の保存］を押す。属性テーブルを閉じると豊橋港のデータが表示されないことが確認できる（図 3-7）。

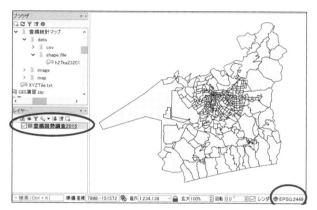

図 3-5　国勢調査データを読み込み後の画面

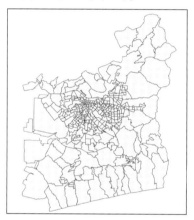

図 3-7　三河湾を除いた豊橋

3.1.3 地域統計マップの作成

①不要な地物の削除

図 3-5 を見ると、小地域ごとに分かれている区域には人の住んでいない三河湾まで含まれている。そこでレイヤの属性テーブルを編集し三河湾の部分を削除する。

レイヤパネルの「豊橋市国勢調査2015」レイヤを右クリックし「属性テーブルを開く」を選択する。属性テーブル最下部の地物 ID = 419、MOJI =「豊橋港」のデータを選択すると、地図ビューで三河湾が異なる色になっていることが確認できる（図 3-6）。

この地物は不要のため削除する。そのためには、図 2-18 に示したように「デジタイジングツールバー」を使う。まず［編集モード切り替え］ボタ

② 人口密度の算出

国勢調査の境界データには小地域ごとの人口が含まれている。面積の異なる地域の人口密集度を比べるためには、地域ごとの面積と人口から算出した人口密度が有効である。次は、豊橋の町字単位の人口密度を計算し「人口密度マップ」として可視化する。

レイヤパネルの「豊橋市国勢調査2015」レイヤをダブルクリックし［レイヤプロパティ］＞［ソースフィールド］＞［フィールド計算機］＞［フィールド演算］ウィンドウを表示させる（図 3-8 左図）。フィールド演算ウィンドウの各項目では以下の様に設定する。

［出力フィールド名］⇒「pop_den」（Population Density の略）と入力

第 3 章　地域社会情報の可視化

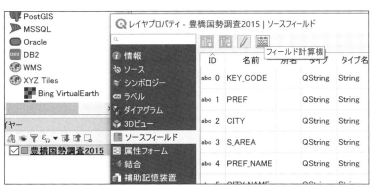

図 3-8　レイヤ属性テーブルに新規フィールドの追加と計算

［出力フィールドタイプ］⇒「小数点付き数値（real）」を選択

［出力フィールド長］⇒「10」を入力。全体の桁数

［精度］⇒「3」を入力。小数点以下の桁数

［式］⇒「"JINKO" / "AREA" * 10^6」を入力

　　　　中央下の「検索エリア」の中から「フィールドと値」の内容を表示させると現在のフィールドが表示されるので「JINKO」をダブルクリックした後「/」を入力し、更に「AREA」をダブルクリックした後、「* 10^6」を入力する。

　新規フィールド「pop_den」において、小地域ごとの総人口とその地域の面積を用いて人口密度の計算式を入力する。定義書からフィールド「JINKO」は総人口であり、「AREA」は平方メートル（m²）で表された面積である。人口密度としてよく利用される（人 / km²）の単位で表示するためには、10^6（「^」は指数表示で 10^6 = 1000000）を掛ける（図3-8 右図）。入力後「OK」ボタンを押せば新たに「pop_den」が追加される。

③ 人口密度コロプレスマップの作成

　人口密度フィールド pop_den の作成後、レイヤプロパティのシンボロジー

を選び以下の様に設定する。

［（最上部）］⇒「Graduated」を選択

［カラム］⇒「pop_den」を選択

［凡例フォーマット］⇒「%1 - %2」を入力。数値の間を変えたければ「-」の替わりに「~」等と指定可能

［精度］⇒「0」を入力。凡例での小数点以下の桁数

［カラーランプ］⇒適当な色を選択

［モード］⇒「分位数（等数）」を入力。各階級に等しく分布している場合は「等間隔」にしても良い。

［分類数］⇒「10」を入力。等級数の増減が可能

設定後に左下の「分類」ボタンを押すことでシンボルおよび値、凡例が表示される。

　次に新規プリントレイアウトを作成する。凡例の設定後、スケールバーおよび方位記号を追加する（図3-9）。

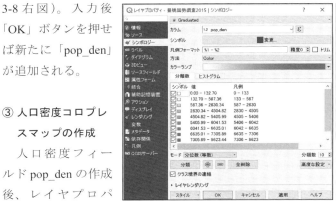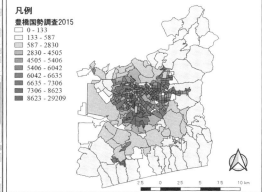

図 3-9　人口密度コロプレスマップの作成

3.2 統計データと境界データの結合

まず統計データをダウンロードする。e-Stat トップページ（図 3-2 上図）の［統計 GIS］＞［統計データダウンロード］を選択した後、それぞれの画面で以下の様に選択する。

［政府統計名］⇒「国勢調査」を選択

［国勢調査］⇒「2015 年」を選択

［2015 年］⇒「小地域（町丁・字等別）」を選択

［小地域（町丁・字等別）］⇒「年齢（5 歳階級、4 区分）別、男女別人口」を選択

［(2 ページ目)］⇒「23 愛知県」の欄にある「CSV」ボタンを押す。

最終的には図 3-10 のように「23 愛知県」の右にある「CSV」ボタンをクリックしてダウンロードを行う。また、同ページの右上に「定義書」ボタンがあり、これを押すとデータ定義ファイルをダウンロードできる。

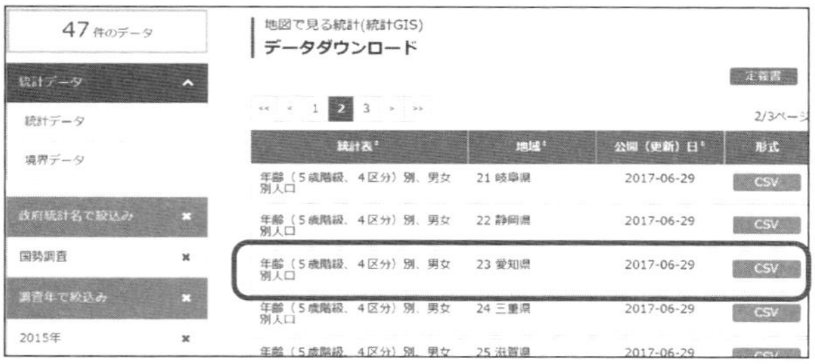

図 3-11　統計データの保存

解凍して得られるのは「tblT000849C23.txt」という愛知県全域の統計データのテキストファイルである。QGIS で使用するには①データ見出し欄の編集、②豊橋町字単位の統計だけを抽出、③ファイルを CSV タイプに変更の 3 つの編集作業が必要になる。

まず、テキストエディタを起動しダウンロードデータを読み込む。Windows の場合はシステムに予め組み込まれているテキストエディタの「メモ帳」等を起動し、ダウンロードデータ「tblT000849C23.txt」を読み込む（図 3-12）。図 3-12 の左上図を見ると、最初の 2 行はデータの見出しであり、それを 1 行にまとめる必要がある。

そのために、1 行目の行頭を 2 行目に上書きする。つまり、2 行目行頭の「,,,,,,,」は 1 行目行頭の「KEY_CODE, …, GASSAN,」に対応しているのでその部分をコピーし、2 行目の同じ場所に上書きする。指示どおりに出来れば 1 行目と 2 行目の 7 項目目までは全く同じ文字列となる（図 3-12 右上図）。次に 1 行目を削除する（図 3-12 の左下図）。最後に豊橋市以外のデータ、さらに豊橋市の合計（豊橋市の 1 行目）と豊橋港（豊橋市の最終行）のデータを削除する（図 3-12 の右下図）。編集完了したファイルを csv フォ

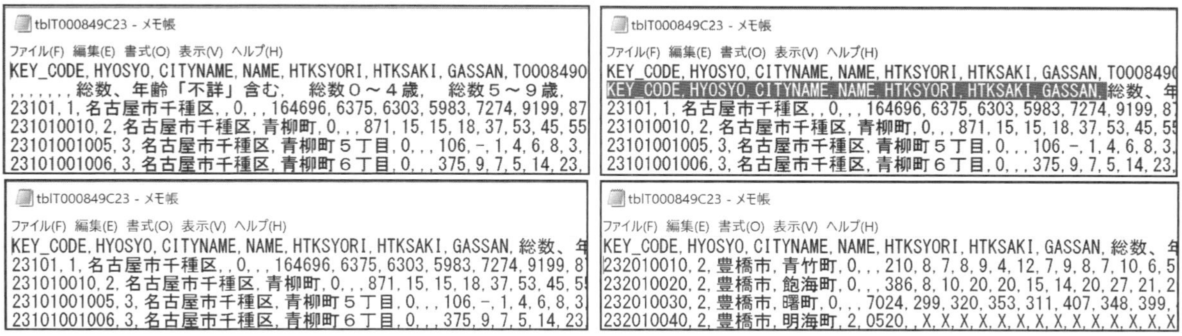

図 3-10　国勢調査・統計データ（愛知県）のダウンロード

3.2.1 統計データの CSV 形式編集

ダウンロードしたデータファイルを解凍し、演習用の［data¥csv］フォルダに保存する（図 3-11）。

図 3-12　統計データ見出しの編集と対象地域データの選定

ルダ内に CSV ファイル「toyohashi_data.csv」として保存する（図 3-13）。

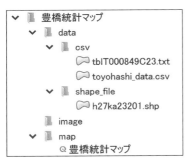

図 3-13　CSV データで保存

図 3-14　境界データと統計データの不一致（飛び地問題）

3.2.2 「飛び地」問題の処理

統計データと境界データを合わせるときに、いわゆる「飛び地問題」がしばしば発生する。図 3-14 の豊橋市「旭町」を例に飛び地問題を確認する。図 3-14 の上図に色づけされた旭町は同じ KEY_CODE=232010070 で 4 つのエリアに分かれ、4 つの境界データが存在する。一方、図 3-14 の下図の統計データでは KEY_CODE=232010070 はただ 1 行しかない。つまり、4 つの境界データ KEY_CODE=232010070 に対し統計データ KEY_CODE=232010070 の統計値を対応させると、旭町の統計データは 4 倍になる。それを避けるためには、境界データ内で KEY_CODE が共通するいわゆる飛び地や島などを 1 つの KEY_CODE にまとめる加工を施してからデータを結合する必要がある。

その飛び地問題を解決するためには、QGIS 空間演算のディゾルブ（Dissolve）機能を用いて KEY_CODE ごとに境界データを 1 つにまとめる。メニューバーから［ベクタ］＞［空間演算ツール］＞［ディゾルブ］の順にディゾルブ演算の画面を開く（図 3-15 の左図）。図 3-15 右図のようにパラメータを設定する。

［入力レイヤ］⇒「h27ka23201.shp」を選択
［一意の ID フィールド］⇒「KEY_CODE」に✓を入れて［OK］を選択
［融合］⇒右端の「…」ボタンを押して「Save to File …」を選択
［Save to File …］⇒「data¥shape_file」フォルダに「国勢調査 2015 年修正 .shp」のファ

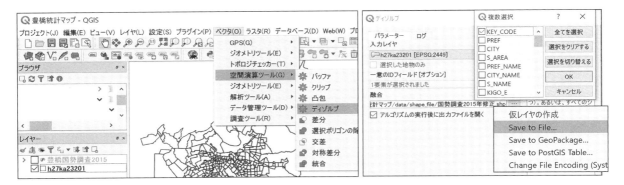

図 3-15　空間演算のディゾルブで同一 KEY_CODE の境界データを統合する

イル名を入力

設定後に［バックグラウンドで実行］ボタンを押す。

図3-16は「国勢調査2015年修正」レイヤの属性テーブルを示している。KEY_CODEと境界データが一対一の関係になったことを確認出来る。

図3-16　ディゾルブ結果の確認

3.2.3　統計データの結合

ここまでのデータ処理により境界データと統計データの双方とも一意のKEY_CODEを持つことになった。次に同じKEY_CODEを持つ境界データと統計データを結合する。

そのためには、まず統計データ「toyohashi_data.csv」をレイヤパネルに追加する必要がある。メニューバーから［レイヤ］＞［レイヤの追加］＞［ベクタレイヤの追加］の順に選択し（図3-17上図）、以下の項目を設定する（図3-17中央図）。

［ソースタイプ］⇒「ファイル」を選択

［エンコーディング］⇒「Shift_JIS」を選択

［ソース］⇒右のボタンを押して編集後のcsvファイルを選択

入力終了後「追加」ボタンを押すとレイヤパネルにファイル名と同じレイヤ「toyohashi_data」が作成される（図3-17下図）。

次に、修正した境界データの「国勢調査2015年修正」レイヤをダブルクリックして［レイヤプロ

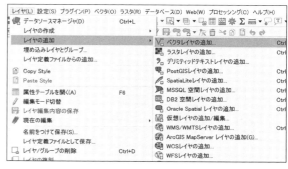
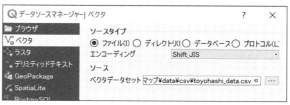

図3-17　統計データのレイヤ追加

パティ］ウィンドウを表示し、左の［結合］タブを選択した後、左下の緑色の「＋」ボタンを押し［ベクタ結合の追加］画面で以下の様に設定する（図3-18）。

［レイヤの結合］⇒「toyohashi_data」を選択

［結合フィールド］⇒「KEY_CODE」を選択。統計データ側のどのフィールドと対応させるかの設定

［ターゲットフィールド］⇒「KEY_CODE」を選択。境界データ側のどのフィールドに対応させるか

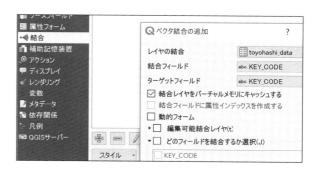

図3-18　境界データと統計データの結合

の設定

最後に［OK］ボタンを押すと「国勢調査2015年修正」と統計データ「toyohasi_data.csv」が結合される。その結合の状況を確認するために［レイヤプロパティ］>［ソースフィールド］を開くと、前半に境界データのフィールド、後半に統計データのフィールドが色分けて表示され、結合されていることが確認できる（図3-19）。

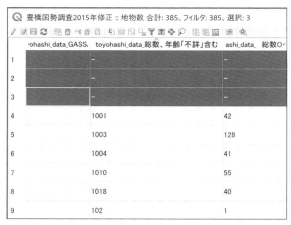

図3-19　境界データと統計データとの結合結果の確認

3.2.4　高齢化率マップの作成

境界データと統計データを結合することで地域ごとの高齢化率（65歳以上の人口が総人口に占める割合）を算出し、可視化することが可能となる。高齢化率はそれぞれの地域における65歳以上の人口を総人口で割って算出するが、結合したレイヤの属性テーブルを確認すると総人口のフィールドに「-」や「×」のデータが入力されたエリアがあり、このために高齢化率の算出でエラーが生じてしまう。そこでまず計算できないデータを削除した後に高齢化率を算出する。

「豊橋国勢調査2015修正」レイヤの属性テーブルを表示し、新たに結合したフィールド7番目の「toyohashi_data_総数、年齢「不詳」含む」を表示する。フィールド名部分をクリックする度にフィールド内のデータにより昇順、降順が入れ替わって表示される。フィールドを昇順でソートするとフィールド名の上に「∧」が表示され、「toyohashi_data_総数、年齢「不詳」含む」の上位3件のデータは「-」となる（図3-20の上図）。降順でソートするとフィールド名の上に「∨」が表示され、上位5件のデータは「X」となっている（図3-20の下図）。それらは不備データとして削除する必要がある。

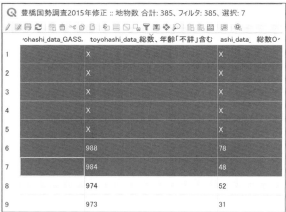

図3-20　不備のあるデータの削除

そこで属性テーブルのツールバー一番左の［編集モード切替］ボタンを押し、編集モードに切り替える（図3-21）。

図3-21　編集モード

次に図3-20に示した「-」と「X」の行をそれぞれ選択し、ツールバーの左から6番目の［選択地物の削除］を押して対象行を削除する。削除すべきデータ行が全て削除できたことを確認した後、

［編集モード切替］ボタンを再度押し編集モードを終了する。

次に、高齢化率マップ作成のために「豊橋国勢調査2015年修正」レイヤの［レイヤプロパティ］を開く。まず、［ソース］＞［レイヤ名］に「豊橋高齢化率」を入力する。次に［シンボロジー］を選び、以下の様に設定する（図3-22）。

［(最上部)］⇒「Graduated」を選択

［カラム］⇒［ε］ボタンを押して［式ダイアログ］を開き、式"toyohashi_data.総数65歳以上"*100/toyohashi_data.総数「年齢不詳含む」"を入力し、高齢化率を計算する

［凡例フォーマット］⇒「%1 - %2」を入力する。数値の間を変えたければ「-」の替わりに「～」等と指定可能

［カラーランプ］⇒適当な色を選択

［精度］⇒「1」を入力する。凡例での小数点以下の桁数

［モード］⇒「分位数（等数）」を入力。場合によっては「等間隔」にしても良い。

［分類数］⇒「10」を入力。等級数の増減が可能

設定後に左下の「分類」ボタンを押すとシンボルおよび値、凡例が表示される。

最後に新規プリントレイアウトの作成と凡例、スケールバー、方位記号、ラベルを設定すると豊橋高齢化率の主題図が完成する（図3-23）。

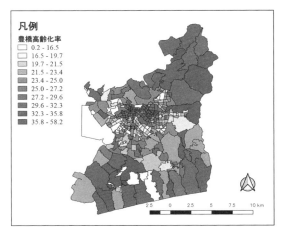

図3-23　豊橋高齢化率の分布

3.3　地域政策データの可視化

国土交通省国土政策局が「国土数値情報」という地域の政策データをウェブ上で無償提供している。地形、土地利用や道路など国土に関する基礎的なデータをはじめ、行政区域や学区、浸水想定区域などの政策区域データ、公共施設、福祉施設や医療機関などの地域資源データ、文化財や世界文化遺産などを含めた地域文化や観光資源データ、バス停留所、バスルート、鉄道などの公共交通データ、人口推計などの各種統計データなど多分野にわたる豊富なデータソースが備えられている。また、こうしたデータはいずれもJPGIS形式のデータで配布されているためQGISでの利用が容易である。本節では国土数値情報からデータをダウンロードし、これらのデータを重ね合わせることで豊橋の医療施設と人

図3-22　豊橋高齢化率の主題図作成

口分布の作成方法を紹介する。図 3-24 は本節の演習環境を示す。

図 3-24　ファイル構成

3.3.1 国土数値情報の入手

国土数値情報はダウンロードサービスサイト（http://nlftp.mlit.go.jp/ksj/index.html）で提供されている。そこから地域政策関連の各種データを入手可能となっている。これからダウンロードするデータは全て JPGIS 形式・シェープファイルのため、以下の操作では図 3-25 の「データ形式」を全て「GML（JPGIS2.1）シェープファイル」として作業を行う。

表 3-3 は本演習で使用するデータの一覧を示す。病院を中心とした公共施設と公共交通のデータに人口メッシュデータを加え、GIS のオーバーレイ（重ね合わせ）機能を用いて地域医療施設の立地と人口分布の現状を可視化する。

①「公共施設」データのダウンロード

ダウンロードサイトトップページの「3. 地域＜施設＞」の中の「公共施設」をクリックすると図 3-26 の画面に移動する。このページの中ほどにはデータの内容、関連する法律、データ作成年度や属性情報およびデータフォーマットが記されている（図 3-27）。このうち「データフォーマット（符号化）」欄の「製品仕様書」と「SHAPE ファイルの属性について」はリンクが張られており、「SHAPE ファイルの属性について」は Excel のファイルとしてダウンロードが可能となっている。ファイルの内容は、公共施設関係だけでなく国土数値情報として提供されているシェープファイルデータ全般についての記載となっているため、ダウンロードして参照できるようにしておくと良い。

図 3-27 は「属性情報」として公開している公共施設大分類と公共施設小分類を示す。「公共施設大分類コード」と「公共施設小分類コード」のリンクをクリックすると、分類コードリストが現れる。図 3-28 の左図は公共施設の大分類、右図は小分類の一部を示す。通常、データの冗長性を回避するために分類コードが使われている。施設を表示する度に長い漢字の分類名を使うとコンピュータに負荷がかかる。それを避けるために数値型の分類コードを使い快適な操作環境を保つ。一方、データを利用する側のユーザにとっては、施設分類コードの意味を理解し分析作業を進めていくことが必要となる。

図 3-26 に示す「データのダウンロード」画面の最下部でデータが必要な都道府県を選択できる。ここで「愛知」に✓マークを入れ「次へ」ボタンを押すと次画面となり、必要なファイル名に再度✓マークを入れ「次へ」ボタンを押す（図 3-29）。ここでは平成 2 年と

図 3-25　国土数値情報のダウンロードサイト

表 3-3　地域資源マップのデータ一覧

No	データ	データ型	座標系
1	H23 公共施設（病院）	ポイント	EPSG:4612 - JGD2000
2	H23 バス停	ポイント	EPSG:4612 - JGD2000
3	H23 バス路線	ライン	EPSG:4612 - JGD2000
4	H23 500m 人口メッシュ	メッシュ（ポリゴン）	EPSG:4612 - JGD2000
5	市境界	ポリゴン	EPSG:2449 - JGD2000 / Japan Plane Rectangular CS VII

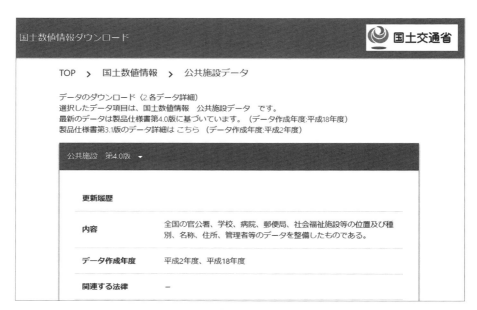

図 3-26 公共施設データのダウンロードサイト

図 3-27 公共施設データの属性情報

コード	対応する内容
3	建物
9	その他
11	国の機関
12	地方公共団体
13	厚生機関
14	警察機関
15	消防署
16	学校
17	病院
18	郵便局
19	福祉施設

コード	対応する内容	コード	対応する内容
3001	美術館	12001	都道府県庁
3002	資料館、記念館、博物館、科学館	12002	区役所(東京都)、市役所
3003	図書館	12003	区役所(政令指定都市)
3004	水族館	12004	町村役場
3005	動植物園	12005	都道府県の出先機関
9001	公共企業体・政府関係機関	13001	保健所
9002	独立行政法人・大学共同利用機関法人	14001	都道府県警察本部
11100	国会	14002	警察署
11101	会計検査院	14003	交番
11102	人事院	14004	駐在所
11103	内閣法制局	14005	派出所
11110	内閣府	14006	警察学校(都道府県管轄)

図 3-28 公共施設の大分類と小分類

平成 18 年のデータが選択可能となっているが、新しい方（平成 18 年度）を選択する。

愛知	世界測地系	平成2年	1.01MB	P02-90_23_GML.zip	
愛知	世界測地系	平成18年	0.69MB	P02-06_23_GML.zip	

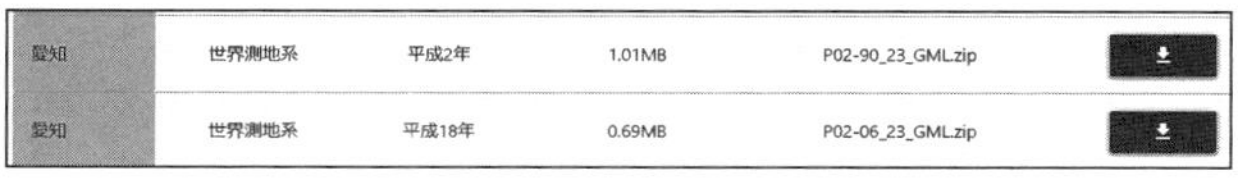

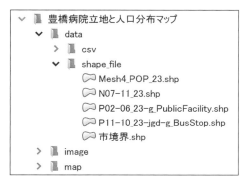

図 3-29　ダウンロードデータの選択

次に現れる幾つかの画面はユーザアンケートやダウンロードデータに関する約款であり、ユーザの状況に合わせて回答を行う。最後に、選択されたデータのダウンロード画面が現れ、ダウンロードボタンをクリックすると圧縮された zip ファイルがダウンロードされる。その圧縮ファイルを解凍すると、その中にシェープファイル「P02-06_23-g_PublicFacility.shp」が確認できる。このシェープファイルを「豊橋病院立地と人口分布マップ¥data¥shape_file」の演習環境に保存する。

②「バス停留所」と「バスルート」データのダウンロード

ダウンロードサイトトップページの「4. 交通」の中の「バス停留所」と「バスルート」をそれぞれクリックし、「愛知」を選択する。ダウンロードファイルを選択し、公共施設と同様にアンケート入力、約款の確認の後、ダウンロードが可能となる。バス停のダウンロードファイルは「P11-10_23_GML.zip」であり、解凍後のシェープファイルは「P11-10_23-jgd-g_BusStop.shp」である。一方、バスルートのダウンロードファイルは「N07-11_23_GML.zip」であり、解凍後のシェープファイルは「N07-11_23.shp」である。両ファイルを前述の施設データと同じ演習環境に保存する。

③「500 m メッシュ別将来推計人口」データのダウンロード

「500 m メッシュ人口」データは 2010 年実施の国政調査に基づき 1 辺が約 500 m の格子状にエリアを区切り、そのエリア内での 2010 年に於ける人口および 2050 年までの予測される人口を示している。ダウンロードのためにはダウンロードサイトトップページの「5. 各種統計」から「500 m メッシュ別将来推計人口」をクリックし、「愛知」を選択する。「バス停」と同様にアンケート入力、約款の確認後にダウンロードする。ダウンロードフォルダ名は「m500-17_23_GML」、解凍後のメッシュファイルは「Mesh4_POP_23.shp」であり、前述の演習環境に保存する。

最終的には、2.4.2 節で作成した豊橋の「市境界」シェープファイルファイルも本演習の環境に入れる。図 3-30 には本演習に使用するシェープファイルの一覧を示す。

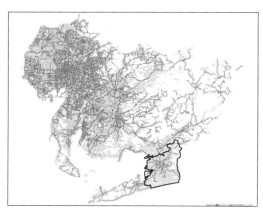

図 3-30　本演習のデータ一覧

3.3.2　公共施設の抽出

図 3-31 はダウンロードした国土数値情報データと第 2 章 4 節 2 項で作成した「市境界」データを合わせた様子を示す。つまり、ダウンロードした国土数値情報のデータは愛知県全域のデータであり世界座標系 JDG2000（EPSG4612）を使用している。一方、本演習の対象地域は豊橋市であり平面直角投影

図 3-31　国土数値情報のマッピング

系の7系（EPSG2449）を使用する。そのため、豊橋市境界範囲（太線枠）内の国土数値情報のデータを抽出する必要がある。

表3-4はデータ抽出に関わる演習データの一覧を示す。表の左側は入手した国土数値情報データ一覧と座標系、右側はデータ抽出後、本演習で利用するデータ一覧と座標系を示す。

表3-4 データ抽出に関わる演習データの一覧

国土数値情報ファイル名（EPSG:4612）	演習ファイル名（EPSG:2449）
P02-06_23-g_PublicFacility.shp	公共施設.shp
P11_1-_23-g_BusStop.shp	バス停.shp
N07-11_23.shp	バス路線.shp
Mesh4_POP_23.shp	人口メッシュ500m.shp

第2章4節の地域ベースマップ作成において、QGISクリップ機能を利用した地物の抽出方法を紹介した。本演習ではそれと同じ方法で豊橋市境界範囲内の公共施設、バス停、バス路線と人口メッシュを抽出し、さらに抽出結果を別名と別座標系で保存する方法を解説する。

メニューバーから［ベクタ］＞［空間演算ツール］＞［クリップ］の順に進むと図3-32のクリップ画面が現れる。以下、バスルートを事例に地物を切り取る手順を紹介する。

［入力レイヤ］⇒＞「N07-11_23.shp」バスルート
［クリップレイヤ］⇒＞「市境界.shp」
［クリップされた］⇒＞設定なし
入力後［バックグランドで実行］ボタンを押す。

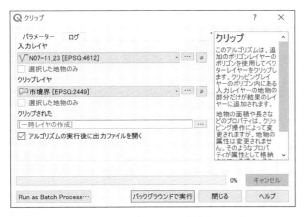

図3-32 豊橋市境界内の地物を切り取る

実行結果は新規の「クリップされた」レイヤに書き込まれている。この時点では、切り取った結果の座標系はまだEPSG4612のままであることに留意してほしい。次に「クリップされた」レイヤの結果をシェープファイルで書き出し、その際にファイル名と座標系の変換を行う。

レイヤパネルにある［クリップされた］レイヤを右クリックし［Save as …］＞［ベクタレイヤを名前で保存…］の順で選択すると、図3-33のシェープファイル保存画面が現れるので以下の様に設定する。

［形式］⇒＞ ESRI ShapeFile
［ファイル名］⇒「バス路線.shp」※演習環境のフォルダを指定する。
［CRS］⇒ EPSG:2449

以上を設定の後［OK］ボタンを押す。

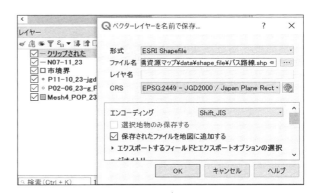

図3-33 クリップされた地物をシェープファイルで保存

同じ方法で公共施設、バス停のデータをクリップする。一方、500m人口メッシュデータの抽出はクリップを使わない。人口メッシュデータをクリップすると市境界線上のマス格が壊れることになる。それを避けるためには、以下のQGISの「ベクタ選択」機能を使い市境界と交差するメッシュを抽出する。

メニューバーから［プロセシング］＞［プロセシングツールボックス］＞［ベクタ選択］を開き、［場所による抽出］をダブルクリックする。図3-34の［場所による抽出］画面に従って、以下の設定を行う。
［地物の抽出元］＞「Mesh4_POP_23.shp」
［地物のあるところ「幾何学的述語」］＞「交わる」

第 3 章 地域社会情報の可視化

［からの特徴を比較するによって］＞「市境界.shp」
［抽出されたもの場所］＞設定なし

以上を設定した後［バックグラウンドで実行］ボタンを押す。

図 3-34　場所による地物の抽出

実行結果は新規の「抽出されたもの（場所）」レイヤとして現れる。前述の図 3-33 のように抽出結果を「人口メッシュ 500m.shp」のシェープファイルへ書き出す。その際の座標系は EPSG:2449 に設定する。

図 3-35 には豊橋市境界の範囲内において抽出された公共施設、バス停、バス路線と 500 m 人口メッシュデータを示す。次に、病院立地と人口分布の主題図を作成する。

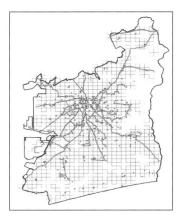

図 3-35　豊橋市境界と抽出した地物

3.3.3　地域資源マップの作成

図 3-36 は完成した病院立地、バス路線と人口分布の主題図である。主題図の作成は、前節に紹介した方法を参照しながら作成する。以下は、参考のため、図 3-36 の主題図に関する主な設定を紹介する。

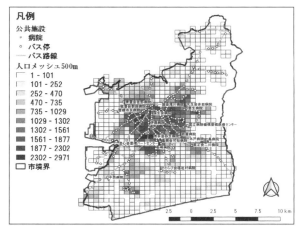

図 3-36　豊橋の病院立地、バスシステムと人口分布

公共施設のレイヤプロパティ

［ソース］［レイヤ名］⇒「公共施設」

［シンボロジー］（最上部）⇒「Categorized」を選択
　　　　　　［カラム］⇒「P02_002」
　　　　　　［カラーランプ］：値⇒「17」（病院
　　　　　　　のみ、その他の項目は削除）
　　　　　　［カラーランプ］：凡例⇒「病院」
　　　　　　　ダブルクリックして変更可能
　　　　　　　（図 3-37 上図）

［ラベル］［最初の選択項目］⇒「このレイヤのラベル表示」

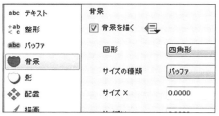

図 3-37　公共施設レイヤの設定

［ラベル］⇒「P02_004」
［テキスト］⇒適当にフォントとサイズの設定
［背景］⇒「背景を描く」に✓を入れる（図3-37下図）

人口メッシュ500mのレイヤプロパティ設定
［シンボロジー］（最上部）⇒「Graduated」
　　　　　　　［カラム］⇒「POP2010」
　　　　　　　［凡例フォーマット］⇒「%1 - %2」
　　　　　　　［精度］⇒「0」
　　　　　　　［モード］⇒「分位数（等数）」
　　　　　　　［分類数］⇒「10」

図3-38　OpenStreetMapの使用

　OpenStreetMap（OSM）は誰でも無料で自由に道路地図などの地理情報データを利用出来ることを目的としたプロジェクトであり、世界中のエリアで利用可能となっている。QGISでは図3-38に示すようにブラウザ下部の「XYZ Tiles」の中でOpenStreetMapが利用可能となっている。OpenStreetMapのアイコンを地図ビューにドラッグ＆ドロップすればこれまで作成した主題図との重ね合わせが可能である。また、プリントレイアウトにも即反映されるため、主題図を透過させてより見やすい主題図を作ることも可能となっている（図3-39）。

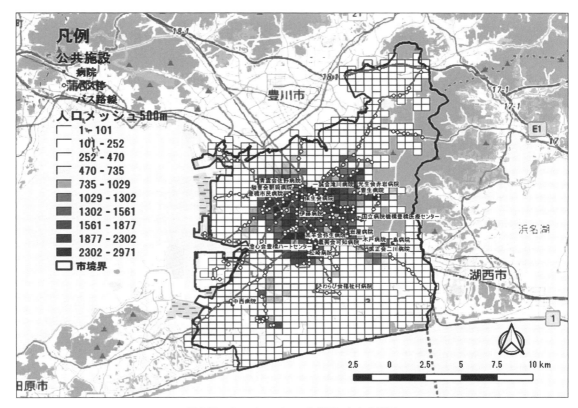

図3-39　OpenStreetMapを背景にした主題図

さらに、QGISのデフォルトではOpenStreetMapのみであるが、設定を変更することにより衛星写真やGoogleMapsとの重ね合わせが可能となっている。

第4章　地域の歴史と文化財に関する分析

4.1 テーマおよび分析方法・手順の概要

4.1.1 テーマの背景

　地域には先人たちが積み重ねてきた歴史や文化があるものの、近年、それらの継承が難しくなっている。これまで郷土教育や地域史、伝承などを通して歴史・文化が継承されてきたが、古文書や古記録、絵図などの地域資料（史料）は経年劣化により失われる場合が多い。さらには地震や豪雨などの災害に遭い、資料のみならず、歴史的・文化的な景観が損なわれることもある。

　その一方で、資料の保存修復などへの関心の高まりや、デジタル・アーカイブなどの技術の導入により、パソコンやWebを通して資料に触れる機会も増えている。本章では、こうした地域の歴史や文化財をテーマに愛知県豊橋市を事例に、GISを駆使した分析手法や、歴史や文化財に関するGISデータベースの構築について紹介する。

4.1.2 ジオリファレンスとは

　地域には紙媒体の地図や絵図などが多く存在しているが、GISで分析するためにはスキャナーやデジタルカメラなどの機器を使用してデジタル化する必要がある。デジタル化した画像には、緯度経度（愛知県豊橋市役所は北緯34度46分9秒、東経137度23分29.5秒）などの位置座標を持たず、GISソフトウェアに追加した（読み込んだ）状態では既存のGISデータと合わず、分析することが難しい。GISソフトウェアにはジオリファレンスという機能が存在し、地図や絵図に描かれた位置と既存のデータ上の位置を合わせる（位置補正や幾何補正とも呼ぶ）ことで、位置情報が付与できる。

　日本では明治以降、西洋から近代測量技術が導入され、測量に基づいた地図（地形図）が作製されるようになり、地図の精度（角度や高低差などの正確性）を高めてきた歴史がある（近年ではGNSS（全球測位衛星システム）が進化し、数cmレベルまで測量精度が高まっている）。このような測量された紙地図には、四隅に緯度経度の情報が記載されていることが多く、位置補正がしやすい。その一方で、手書きの地図や明治以前に描かれた多くの絵図では測量がなされておらず、ジオリファレンス機能を使用して位置補正をしても大きな歪みが生じ、位置が合わないことが多い。こうした絵図の歪みに着目し、ジオリファレンス機能を用いて作者の意図や当時の人々の空間認識などを検証する研究も行われている[1]。

　その点、1821（文政4）年に江戸幕府に提出された伊能忠敬らが作製した「伊能図」は測量精度が高いことがよく知られているが、既にジオリファレンス機能を用いてGISデータ化され、出版されている[2]。また、立命館大学では京都に関する様々な地図類をWeb上で閲覧できるように、「平安京オーバーレイマップ[3]」や「近代京都オーバーレイマップ[4]」として公開している。以上のように、ジオリファレンス機能を用いた地図・絵図のGISデータ化が進められ、歴史や文化に関する研究プロジェクトが取り組まれている[5]。

4.1.3 分析手法とテーマ設定

　本章では、豊橋市を事例に、1890（明治23）年に測量された正式2万分1地形図（旧版地形図と呼ぶ）を現在の豊橋全域と重ね合わせ（オーバーレイ）ができるように、ジオリファレンスの方法を紹介する。次に、ジオリファレンスをした旧版地形図をもとに、土地利用のベクタデータ（ポリゴンデータ）

第 4 章　地域の歴史と文化財に関する分析

の作成方法を紹介する。そして、文化庁が公開している国指定文化財等データベースに掲載された文化財に関する情報をシェープファイル（ポイントデータ）へ変換する方法を紹介する。最後に、各々のデータの重ね合わせをして、豊橋市の歴史や文化財について述べる。図 4-1 に本章の主な内容と作業の手順を示した。

```
4.1 テーマおよび分析方法・手順の概要
    4.1.1 テーマの背景
    4.1.2 ジオリファレンスとは
    4.1.3 分析手法とテーマ設定
    4.1.4 事前に準備しておくデータ
4.2 旧版地形図のジオリファレンス
    4.2.1 旧版地形図に記載された経緯度の確認
    4.2.2 旧版地形図の測量系と測地系変換
    4.2.3 ジオリファレンサーを用いたジオリファレンス
    4.2.4 ベクタデータ（ポリゴンデータ）の作成
4.3 文化財データの作成
    4.3.1 国指定文化財等データベースの紹介
    4.3.2 緯度経度情報の確認
    4.3.3 QGIS への読み込みとシェープファイル化
    4.3.4 文化財データと旧版地形図の重ね合わせ
4.4 まとめ―歴史・文化 GIS データベースの構築に向けて
```

図 4-1　本章の構成と作業手順

　本章でテーマとしたのは、旧版地形図を用いた過去と現在の比較であり、1890（明治 23）年と現在ではどのように土地利用が異なるのか、その一例を提示する。また、文化庁によって指定・登録された文化財はどこに多く分布しているのか、過去と現在の地図を見比べながら考えてみたい。地震や豪雨災害では水田や旧河道のような脆弱な地盤での被害が大きく、過去の地域の様子（地理情報）を把握しておくことは現代を生きる私たちにとって必要不可欠であろう。

4.1.4　事前に準備しておくデータ

　図 4-2 に、本章の演習での作業環境を示した。また、事前に、以下のデータを準備しておくこととする。

・豊橋全域データ

　第 3 章で紹介したように、「地図で見る統計（統計 GIS）」の「境界データダウンロード」から豊橋市の「小地域」データをダウンロードし、第 3 章の手順でディゾルブし、「豊橋全域」データを作成する。

図 4-2　フォルダ構成

・旧版地形図－測量に基づいた過去の地形図－

　本章では、豊橋市および周辺地域の旧版地形図 11 図幅を入手し、スキャナーでデジタル化（TIFF 形式、解像度は 400 dpi）した画像データを準備した（53 頁参照）。以下で紹介するように、紙媒体の地形図を GIS ソフトウェアで用いる際には、スキャニングやデジタルカメラによる撮影が必要である。デジタル化する際の保存形式は TIFF 形式もしくは JPEG 2000 とし、解像度は 300 〜 400 dpi を推奨するが、高解像度になるほど、ファイルサイズが大きくなることに注意してほしい。なお、デジタルカメラを用いる場合は歪みが小さくなるように撮影する。

　日本では明治期に 2 万分 1 地形図が作成され、これには迅速測図（1880 年〜 1889 年にかけて関東平野について作成）、仮製地形図（1884 年〜 1890 年にかけて京阪神の平野・盆地について作成）、さらには 1885（明治 18）年から大日本帝国陸地測量部による正確な三角測量（角度）と水準測量（高さ）に基づいて作成された正式地形図がある。正式 2 万分 1 地形図は、近年の地理学における研究発表においてもその測量精度の高さが評価されるほどであり、過去の日本の姿がよくわかる。しかしながら、全国すべてを網羅しているわけではなく、どの地域でも利用したい場合は、陸地測量部が明治中期から発行してきた 5 万分 1 地形図を使用してほしい。

（1）旧版地形図の入手方法

　旧版地形図は、謄抄本交付申請により入手できる。まずは、買い求めたい旧版地形図を探さねばならない。謄本と抄本の申請については、国土地理院の窓口や郵送、電子申請のいずれかを行う。「謄本交付申請書」・「交付用別紙」とともに手数料相当額の収

図 4-3　国土地理院「旧版地図の謄抄本について[6]」

入印紙を添えて提出する。また、謄本を配送で受領する場合、手数料とは別に送料が必要となる。郵送方法により料金が違ってくるので、国土地理院のWeb上で確認してほしい（図4-3）。

(2) 旧版地形図の閲覧方法①－原本の閲覧－

　旧版地形図は、国土地理院の情報サービス館および各地方測量部において、ディスプレイで閲覧することができる。閲覧したものをその場で謄本購入することが可能である。

国土地理院　〒305-0811　茨城県つくば市北郷1番
　　　　　　029-864-5956
関東地方測量部　〒102-0074　東京都千代田区九段
　　　　　　南1-1-15 九段第2合同庁舎9階
　　　　　　03-5213-2055

(3) 旧版地形図の閲覧方法②－地形図・地勢図図歴の閲覧－

　国土地理院の地理空間情報ライブラリーの「地図・空中写真閲覧サービス[7]」では、国土地理院で保有している地形図・地勢図の図歴およびイメージ画像を閲覧できる。

4.2　旧版地形図のジオリファレンス

4.2.1　旧版地形図に記載された経緯度の確認

　本章で扱う正式2万分1地形図は、明治中期から大正期にかけて測量・発行されたもので、地域によって測量年や発行年が異なる。旧版地形図にはこのほか、2万5千分1地形図や5万分1地形図などがあるが、特に近代期に発行された地形図の場合、経緯度の読み取りには注意が必要である。ジオリファレンスを実施するにあたって、まず、地図の四隅の経緯度を確認する（図4-4）。

　近代測量に基づいて発行された地形図には、図幅の四隅に経緯度が記載される。この経緯度を用いてジオリファレンスを行うが、正式2万分1地形図の経度は「10.4秒」が省略されている場合が多いため、経度の最後に「10.4」を加える。また、図4-4の図幅右上の経緯度をみてもわかるように、数値が読みづらかったり、「137°24'」が「37°24'」と情報が抜けて記載されたりと、注意深く確認をしてほしい。

第 4 章　地域の歴史と文化財に関する分析

図 4-4　図幅「豊橋」の経緯度

4.2.2　旧版地形図の測地系と測地系変換

旧版地形図をジオリファレンスする場合、注意しなければならないのが「測地系」である。第 1 章で紹介したように、日本では、2002（平成 14）年 4 月 1 日以降、旧日本測地系（Tokyo（EPSG:4301））から世界測地系（日本測地系 JGD2000（EPSG:4612）、日本測地系 JGD2011（EPSG:6668））へ移行している。そのため、2002 年 4 月 1 日以前に測量・発行された地形図は旧日本測地系が用いられている。これにより、新旧測地系の地形図を GIS 上で重ね合わせをした場合、数百 m の誤差が生じることになる。こうした測地系の違いを変換するために、国土地理院が提供している「Web 版 TKY2JGD[8]」を利用する（図 4-5）。

図 4-5 の①変換方向では「日本測地系→世界測地系」を選択し、②緯度・経度では「度分秒」を選択

し、図 4-4 の図幅「豊橋」を例に入力する。③「計算実行」ボタンを押すと、④計算結果が画面右側に表示されるので、「入力値」に間違いないか確認し、「出力値」（ジオリファレンスで利用）をメモする。

1 図幅当たり 4 か所（四隅）の数値を読み取り、入力することで経緯度を旧日本測地系から世界測地系へと測地系変換できるため、経緯度が記載された地形図では上記の作業を行うと良い。

4.2.3　ジオリファレンサーを用いたジオリファレンス

QGIS を起動し、メニューバーの［レイヤの追加］＞［ベクタレイヤの追加］＞［ベクタレイヤの追加］を選択し、図 4-6 の①から③の手順で「豊橋全域.shp」を追加する。次にジオリファレンスを行う

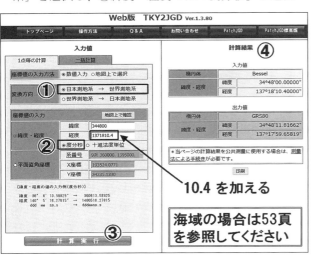

図 4-5　経緯度の測地系変換

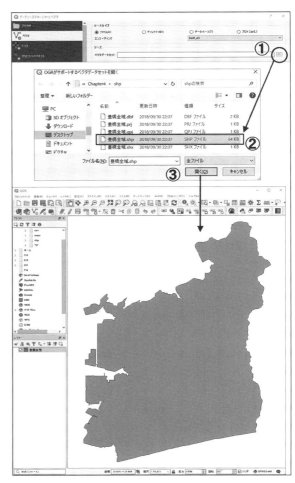

図 4-6　ベクタレイヤの追加

ために、メニューバーの［プラグイン］＞［プラグインの管理とインストール］＞［インストール済］＞［GDAL ジオリファレンサー］にチェックを入れる。メニューバーの［ラスタ］＞［ジオリファレンサー］＞［Georeferencer］を選択する。図4-7の①から③の手順でジオリファレンサーに「02豊橋.tif」を追加する。ジオリファレンサーの機能を利用して、図4-8のように、旧版地形図をQGIS上に表示できる。以下に手順を述べる。①「変換の設定」をクリックすると、変換の設定ウィンドウが表示される。②変換タイプ：「線形」、リサンプリング方法：「最近隣」、変換先CRS：「EPSG:4612 － JGD2000」に設定する。③「ワールドファイルの作成のみ」にチェックを入れる。④「完了時にQGISにロードする」にチェックを入れる。⑤上記の「変換の設定」を完了したら

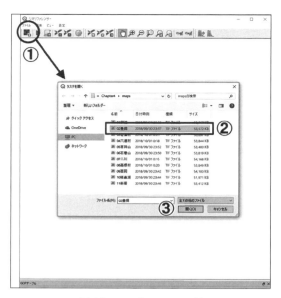

図4-7　ラスタレイヤの追加

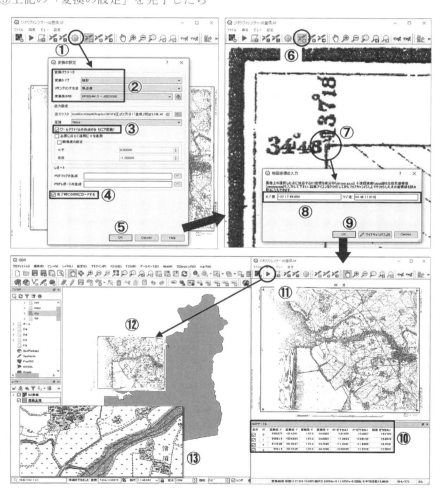

図4-8　ジオリファレンスのプロセス

「OK」ボタンを押す。⑥「コントロールポイント」（GCP：Ground Control Point）の追加をクリックすると十字のカーソルが表示される。⑦十字のカーソルを図幅の角でクリックすると地図座標の入力ウィンドウが表示される。⑧図4-5で測地系変換した値を「X／東」と「Y／北」項目に入力する。⑨入力を終えたら「OK」ボタンを押す。上記の⑦と⑧の作業を繰り返し、1図幅当たり4か所（四隅）のポイントを追加する。⑩4か所（四隅）のポイントを追加すると「GCPテーブル」に数値が表示される。

⑪コントロールポイントの設定完了後、「ジオリファレンスの開始」ボタンを押すと、⑫のようにQGIS画面上に旧版地形図が表示される。⑬ジオリファレンスが成功しているかどうか（位置が大幅にずれていないか）を確認する。メニューバーの［ラスタ］＞［抽出］＞［範囲を指定して切り抜き］で図幅内を切り取ることもできる。上記の作業を繰り返すことで、旧版地形図で豊橋全域を網羅でき、過去と現在の交通網や土地利用などの比較が可能となる（図4-9）。

4.2.4 ベクタデータ（ポリゴンデータ）の作成

QGISを起動し、メニューバーの［レイヤ］＞［レイヤの作成］＞［新規シェープファイルレイヤ］を選択すると新規シェープファイルウィンドウが表示される。以下はレイヤ作成の手順である（図4-10）。

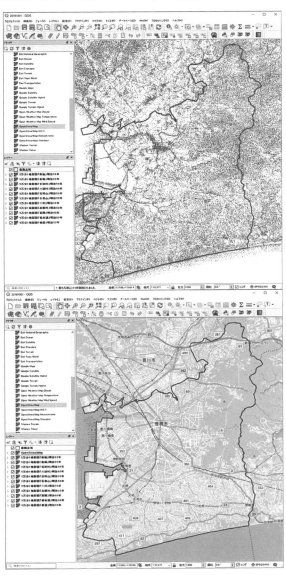

図4-9 旧版地形図（上図）とOpenStreetMap（下図・現在の様子）の比較

図4-10 新規シェープファイルレイヤ（ポリゴンデータ）の作成

①を選択し、[Chapter4] ＞ [shp] フォルダを選択し、ファイル名を「土地利用」、ファイルの種類を「ESRI Shapefile」とし、「保存」ボタンを押す。②ファイルエンコーディング：「Shift_JIS」、ジオメトリタイプ：「ポリゴン」、CRS の選択：「EPSG:4612 － JGD2000」を設定する。新規フィールド項目では、名称：「用途」、タイプ：「テキストデータ」、長さ：「80（※任意で変更可能）」と設定する。③「フィールドリストに追加する」をクリックすると、④のようにフィールドリストに追加される。⑤「OK」ボタンを押すと、⑥レイヤパネルに「土地利用」レイヤが表示される。

土地利用レイヤを編集する場合、レイヤパネルにある編集したいレイヤを選択した状態でメニューバーの[レイヤ]＞[編集モード切替]を選択、もしくはデジタイジングツールバーの[編集モード切替]ボタンを押す。

レイヤを編集モードにし、新たに地物（フィーチャ）を追加するには、メニューバーの[編集]＞[ポリゴン地物を追加]を選択、もしくはデジタイジングツールバーの[ポリゴン地物を追加]ボタンを押すと編集状態になり、十字のカーソルが表示される。

今回はポリゴンであるため、地図上で左クリックを連続すると図 4-11 の①のように多角形（面）を作成できる。ポリゴンデータ（地物）の作成途中では透過された状態になる。作成が完了したら右クリックし、②地物属性ウィンドウが表示されるため、各項目を入力し、③「OK」ボタンを押す。ポリゴンが作成できると④のように表示できる。

ポリゴンを削除する場合は、属性ツールバーにある地物選択をクリックし、地物を領域またはシングルクリックで選択する。次にメニューバーの[編集]＞[選択物の削除]を選択、もしくは「Delete」キーを押すことで削除できる。このほか、メニューバーの[編集]には地物の分割や変形、結合などがある

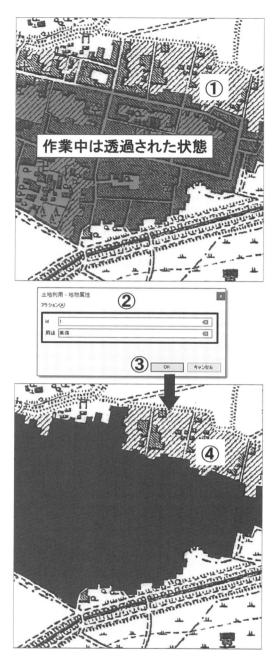

図 4-11　地物（ポリゴンデータ）の作成手順

ため、活用してほしい。

ポリゴンの編集を終えて保存する場合は、メニューバーの[レイヤ]＞[編集モード切替]を選択、もしくはデジタイジングツールバーの[編集モード切替]ボタンを押す。

第4章 地域の歴史と文化財に関する分析

4.3 文化財データの作成

4.3.1 国指定文化財等データベースの紹介

文化庁では、文化財保護法に基づいて、国が指定・登録・選定した文化財等の情報を検索・閲覧できる「国指定文化財等データベース[9]」を公開している（図4-12）。本データベースでは地図や条件を指定して検索できるほか、国宝・重要文化財（建造物）や登録有形文化財（建造物）などの文化財分類に応じて、都道府県、時代区分による検索・閲覧もできる。また、すべての文化財等の情報が網羅されているわけではないが、国宝・重要文化財（建造物）2,487件、登録有形文化財（建造物）11,611件など、約3万件の情報をCSV形式（カンマ区切り）でダウンロードできる。各々のデータには、一部を除いて緯度経度の情報が付与されているため、GISを用いた地図化が可能である。

ここでは国宝・重要文化財（建造物）を事例にダウンロードの方法を紹介する。図4-12の①「文化財分類ごとに見る」の項目から「国宝・重要文化財（建造物）」を選択する。②「都道府県ごとに見る」から「愛知県」を選択する。③「CSV出力」を押すと「list.csv」（名称変更あり）ファイルがダウンロードできる。他の項目も同様の手順でダウンロードできる。

4.3.2 緯度経度情報の確認

図4-12のように、国指定文化財等データベースから文化財等のデータをダウンロードすると、初期設定の状態で「list」という名称のCSV形式のファイルが保存されるため（図4-13）、判別しやすいように「国宝重要文化財建造物_愛知県.csv」のように名称を変更する。愛知県を事例にデータをダウンロードした結果、国宝・重要文化財（建造物）は145件、登録有形文化財（建造物）は491件、国宝・重要文化財（美術工芸品）は362件（うち緯度経度付き：124件）、重要有形民俗文化財は6件、登録

図4-12 国指定文化財等データベースのデータダウンロード

図4-13 ダウンロードファイルの内容

有形民俗文化財は1件、重要無形民俗文化財は12件（同：2件）、史跡名勝記念物は63件（同：62件）、重要伝統的建造物群保存地区は2件であり、1,082件のうち、833件に緯度経度の情報が付与されていることが確認できた。これらのファイルは【csv】フォルダに保存しておこう。

4.3.3　QGISへの読み込みとシェープファイル化

4.3.2でダウンロードした文化財データ（CSV形式ファイル）をQGISに読み込むには、図4-14の①から⑦の手順で行う。

①メニューバーの［レイヤ］＞［レイヤの追加］＞［デリミティッドテキストレイヤの追加］を選択する。②デリミティッドテキストウィンドウが立ち上がるので、［ファイル名］にCSVファイルを選択し、［レイヤ名］には出力されるポイントデータの名前を入力する。③エンコーディング：「Shift_JIS」を選択する（文字化けを防ぐため）。④ファイル形式：「CSV（コンマで区切られた値）」にチェックを入れておく。⑤ジオメトリ定義：「ポイント座標」、Xフィールド：「経度」、Yフィールド：「緯度」、ジオメトリのCRS：「EPSG:4326 － WGS 84」とする。⑥「サンプルデータ」が出力ファイルの属性テーブルイメージになるので、文字化けなどがないかどうか確認し、⑦「追加」ボタンを押す。

このようにして読み込ませると図4-15のようにポイントが表示されるが、これはQGIS上にデータ

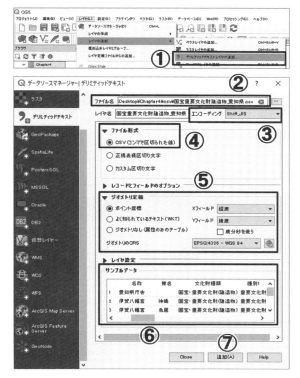

図4-14　経緯度付き文化財リストのQGISへの読み込み

図4-15　ポイントデータの表示およびエクスポート

表示させた「絵」の状態であるため、データとして保存しておく必要がある。

①レイヤパネルに示されているレイヤ（ここでは、「国宝重要文化財建造物_愛知県」）を右クリックし、[Save as…]を選択すると、ウィンドウが立ち上がるので、以下のように設定する。②形式：「ESRI Shapefile」とし、ファイル名を任意の場所および名前とする。③ CRS：「JGS2000/Japan Plane Rectangular CS Ⅶ」、④エンコーディング：「Shift_JIS」、⑤ジオメトリタイプ：「Point」を選択し、⑥「OK」ボタンを押す。見かけ上の変化がないように見えるが、上記の手順でシェープファイルを作成できる。⑦属性テーブルは、CSVファイルのものが引き継がれ、文字化けなどがないことを、確認しておくと良い。

4.3.4 文化財データと旧版地形図の重ね合わせ

上記でジオリファレンスを行った旧版地形図と緯度経度の情報をもとにポイントデータ化した文化財データを重ね合わせると図4-16のようになる。2節4項（4.2.4）で紹介したベクタデータの作成方法で河川と海のポリゴンデータを作成し、旧街道と東海道線はライン形式でデータ化した。GISで作成したデータはそれぞれ位置情報（空間情報）を持つため距離や面積を計測することができる。図4-16をみると、豊橋全域でも西側の三河湾に面する地域は、1890（明治23）年時点で海だったことが確認できる。現在の豊橋市の面積は261.86 km^{2}であるが、そのうち4.6％（12.1 km^2）が海であることがポリゴンデータを作成したことにより明らかとなった。旧版地形図のジオリファレンスを行うことで当時の土地利用を作成できるだけでなく、面積や現在の土地利用の重ね合わせも可能になるのである。

交通面をみると、明治23年時点では豊橋市内を通る鉄道は東海道線のみで、明治以前から物資や旅客輸送の大動脈であった東海道がほぼ中央を通っている。江戸時代に豊橋は東海道の宿場町として吉田宿（現在の豊橋市中心部）と二川宿（現在の豊橋市二川町・大岩町）の2つを有していたため、物資や旅客

図4-16 文化財データと旧版地形図の重ね合わせ（図の番号と表のIdは対応している）

のみならず、様々な情報や文化が集まる場であった。そのほか豊橋市内には渥美半島の田原を結ぶ田原街道や別所（現在の愛知県北設楽郡東栄町）を結ぶ別所街道、浜名湖の北側を通る見附町（現在の静岡県磐田市見付町）と御油（現在の愛知県豊川市御油町）を結ぶ本坂通（姫街道）が通るなど、豊橋が交通の要衝であったことが地図からもうかがえる。

　文化財に目を向けると、豊橋市内には重要文化財（建造物）が 2 件、重要文化財（美術品）が 1 件、登録有形文化財（建造物）が 17 件、史跡が 2 件、天然記念物が 1 件の計 23 件が指定・登録されていることがわかる。旧版地形図の上に文化財データの分布を示すことで、豊橋市では江戸時代に吉田城があった城下町・宿場町付近（Id：2、3、5〜9、17）に集積がみられるものの、旧街道沿いや広範囲に点在していることも読み取れる。時代に着目すると、明治以前が 7 件、明治以降が 13 件と区分され、明治 23 年以降に建てられた（改築された）建造物が多いことがわかる。具体的には安久美神戸神明社（Id：5〜9）は明治・昭和前期と区分されているが、当社の歴史は古く、現在の地に奉遷されるまでは吉田城（今橋城とも呼ぶ：現在の豊橋公園）の城内神明宮として奉斎されていた[10]。その一方、羽田八幡宮（Id：10〜12）は 672（白鳳元）年の創建と伝えられ[11]、大正末期に現在の地へ移築がなされたものの、江戸中期の構造・形式がみられることから、江戸として時代区分されている。明治期に入っても旧街道沿いには様々な業種が存在し、東海道の二川宿に位置する西駒屋田村家住宅（Id：15・16）では醸造業が営まれていた。以上のように、文化財データの地図化によって、地域のどこに地域資源が存在するか、地域の歴史・文化的な特徴を空間的に把握し、分析できる。

4.4　まとめ−歴史・文化 GIS データベースの構築に向けて

　本章では、豊橋市を事例に歴史や文化財に関する GIS データの構築について紹介した。まず、明治期に測量された旧版地形図を題材にジオリファレンスを行い、現在の地図と重ね合わせができるようにした。これにより、過去と現在の比較が容易となり、旧版地形図に描かれた土地利用情報をベクタデータとして作成するための第一段階である。海の面積計測を事例に提示したが、第二段階としては水田や畑、桑畑などの土地利用をベクタデータ化し、時代ごとにどこがどのように変化しているか、時間的・空間的に分析する必要がある。

　次に、文化庁が公開している国指定文化財等データベースに掲載された文化財に関する情報を GIS データ化し、豊橋市における文化財の分布を示した。文化財データを過去の旧版地形図と重ね合わせすることで、旧市街地や明治以前に形成された集落、旧街道など、様々な歴史と結び付けた分析が可能となる。豊橋市は江戸時代には吉田藩の城下町や東海道の 2 つの宿場を有し、明治期には陸軍の歩兵第 18 聯隊や第 15 師団が存在した軍事都市として栄えた。しかしながら、1945（昭和 20）年 6 月の米軍空襲により市街地を中心に家屋が全焼や全壊するなど全戸数の 70％が焼失し、罹災人口は全人口の 50％に及ぶなどの甚大な被害を受けた歴史もある[12]。全国の数多くの都市と同様に豊橋市も戦災による影響があることから、現存する歴史的建造物が少なく、国指定文化財の指定・登録件数に反映されているように思われる。

　豊橋の歴史や文化についてはこれまで多くの研究者や郷土史家らによって研究が進められてきたが、先に紹介した「近代京都オーバーレイマップ」のように地域に残存する歴史・文化に関する情報を重ね合わせ、それらを可視化するような取り組みも必要だと考える。歴史・文化的な GIS データの作成は地道な作業であるが、現代の GIS データと比べてほとんど構築されていない現状にあるため、大学・研究機関が中心となって、博物館・資料館や多くの住民とともに協力しながら進めていくことが大切である。今回取り上げた国指定文化財等データベースに掲載されたものは一部であり、地域には数多くの貴重な建造物や古文書・古記録・絵図などの地域資

料（史料）が残されているため、それらを様々なかたちで将来に活かすことも重要である。最後に、地域の歴史・文化を見つめ、地域を活かす手段の1つとして「歴史・文化GISデータベースの構築」を提案したい。

注

1) ①塚本章宏、磯田　弦（2007）:「寛永後万治前洛中絵図」の局所的歪みに関する考察、GIS－理論と応用 15、111-121頁・②平井松午、安里　進、渡辺　誠（2014）：『近世測量絵図のGIS分析』古今書院、などがある。
2) 村山祐司監修（2015）：『デジタル伊能図』河出書房新社
3) https://www.arc.ritsumei.ac.jp/archive01/theater/html/heian/
4) https://www.arc.ritsumei.ac.jp/archive01/theater/html/ModernKyoto/
5) 矢野桂司（2018）「日本の古地図のポータルサイト構築に関する一考察」『立命館文學』第656号，735-721頁
6) http://www.gsi.go.jp/MAP/HISTORY/koufu.html
7) https://mapps.gsi.go.jp/
8) https://vldb.gsi.go.jp/sokuchi/surveycalc/tky2jgd/main.html
9) https://kunishitei.bunka.go.jp/bsys/index_pc.asp
10) https://onimatsuri.jimdo.com/
11) http://www.honokuni.or.jp/toyohashi/spot/000245.html
12) http://www.soumu.go.jp/main_sosiki/daijinkanbou/sensai/situation/state/tokai_07.html

補足

第4章の演習用ダウンロードデータは古今書院ホームページよりダウンロードできる。http://www.kokon.co.jp/book/b439553.html

経緯度の測地系変換＜海域の場合＞

45頁で紹介した「Web版TKY2JGD」（図4-5）は「陸上」にある経緯度を変換するもので、図4-4図幅「豊橋」の左上や左下の経緯度は三河湾で「海域」に位置するため、「指定された座標は海域のため、変換できませんでした。」というエラーメッセージが表示される。日本は島国であり、多くの地域でこのようなエラーが生じるものと思われる。そこで海上保安庁海洋情報部の「変換プログラム」を使用する。

図4-17の上図①をクリックすると「経緯度変換プログラムの使用についての注意事項」のページが表示されるため、内容を読んでから、下部にある「了解する（変換プログラムへ）」をクリックする。次に図4-17の下図「日本測地系と世界測地系の経緯度変換」のページが表示されるため、②「日本測地系から世界測地系へ」を選択し、③「イ．一点の場合」の項目に北緯と東経の度分秒を入力し、最後に

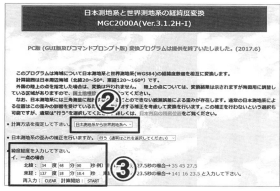

図4-17　緯経度の測地系変換（海域の場合）

計算開始の「START」ボタンを押すと、変換結果が表示される。44頁でも記載したように、正式2万分1地形図の経度は、「10.4」秒加える必要がある。

以上のように国土地理院および海上保安庁の変換プログラムを利用して、経緯度の記載のある地形図のジオリファレンスを行い、過去から現在までのオーバーレイマップを作成してほしい。

第5章　地域における商業の分析

5.1　テーマおよび分析方法・手順の概要

5.1.1　テーマの背景

わたしたちは、普段の生活を過ごすなかで様々な商品を手に入れている。基本的な流れとして、生産者によって生産された商品が流通業者や卸売業者、小売業者を介在し、最終的にわたしたち消費者の手に渡る。このなかで、生産された商品をわれわれ消費者に届ける流通を「業」としているものが「商業」である（宮下 2002）。商業をとらえる際には、場所や空間といった「地域的視点」が欠かせない。そして、企業は場所の特徴を配慮しつつ店舗の立地や業態の選択などを行っている（川端 2013）。

そこで第5章では、商業、なかでも小売店舗の立地分析におけるデータ作成方法およびデータ分析方法を紹介・提示する。

主なキーワード:アドレスマッチング、バッファ、ボロノイ分割、ユニオン（統合）、クリップ、インターセクト（交差）、面積按分

5.1.2　分析手法とテーマ設定

本章では、まず店舗リストから GIS データを作成する方法を紹介する。次に、店舗立地分析に関わる主な空間分析手法（商圏描画（バッファ、ボロノイ）、オーバーレイと面積按分による商圏人口算出）を説明する。最後に、これからの地域を対象とした商業分析に求められるものについて述べる。図 5-1 に、章の構成と作業手順を示した。

本章でテーマとするのはコンビニエンスストア（以下、コンビニ）の立地である。昨今、コンビニは小売店としての機能だけでなく様々な社会的機能を有しており、一種の地域生活拠点になっているともいえる。一方で、チェーンごとに立地戦略が異なっており、立地特性も異なる。愛知県豊橋市を事例としてコンビニの立地分析を行う。

```
5.2　店舗データの作成
    5.2.1　店舗リストの入手と作成
    5.2.2　緯度経度情報の取得（アドレスマッチング）
    5.2.3　QGISへの読み込みとシェープファイル化
5.3　空間分析手法の紹介（基礎）
    5.3.1　バッファ分析
    5.3.2　ボロノイ分割
5.4　空間分析手法の紹介（応用）
    5.4.1　バッファによる商圏分析とその考え方（面積按分）
    5.4.2　店舗ごとの商圏人口の計算
5.5　おわりに―これからの地域商業分析に向けて
```

図 5-1　章の構成と作業手順

5.1.3　事前に準備しておくデータ

図 5-2 に、本章の演習での作業環境を示した。また、事前に以下のデータを準備しておくこととする。

図 5-2　作業環境

・豊橋市域データ

「地図で見る統計（統計 GIS）」の「境界データダウンロード」から豊橋市の「小地域（国勢調査）」データをダウンロードする（データ形式は、「世界測地系緯度経度・Shape 形式」）。その際に、デジタイジングツールバーを用いて海域を削除し、全体をディゾルブしておく。名前は、「ToyohashiCity」として、【shp フォルダ】に保存しておこう。また、測地座標系は、平面直角座標系第 7 系（世界測地系）（JGD/2000 Japan Plane Rectangular CS VII）としてお

く。
・500mメッシュ別将来人口データ

「国土数値情報ダウンロードサービス」の「国土数値情報　500mメッシュ別将来推計人口（H29国政局推計）（shape形式版）」から「愛知県」のデータをダウンロードする。名前は、「Mesh4_Pop_ToyohashiCity」として【shpフォルダ】に保存しておく。測地座標系は豊橋市域データと同様、平面直角座標系第7系（世界測地系）（JGD/2000 Japan Plane Rectangular CS VII）としておく。

5.2 店舗データの作成

5.2.1 店舗リストの入手と作成

まずは、店舗データをどのようなデータ形式にするかを検討する必要がある。すなわち、ポイントデータとするか、ポリゴンデータとするか、である（図5-3）。市町村や都道府県といった大きなスケールで分析する場合は、ポイントデータで十分である。一方、詳細な避難経路の分析や土地区画を対象とするような小さなスケールで分析する場合は、ポリゴンデータにする必要がある。一般に、ポイントデータのほうがポリゴンデータよりもデータ量が少なく、また後述するように緯度経度のみで作成できる。従って、詳細な分析が必要でなければポイントデータで十分である。本章では、豊橋市という市町村スケールで分析を実施するため、店舗はポイントデータの形式にする。従って、店舗ごとに緯度経度さえ入手できれば良い。

次に、店舗のリストの入手である。個別の店舗に関するリストについては、電話帳や業種別の年鑑などがある。ここでは、一般に入手しやすいNTTタウンページ株式会社によるiタウンページ[1]を利用することにしよう（図5-4）。市町村や町丁字などの地域名と業種を組み合わせて検索が可能である。「豊橋市　コンビニエンスストア」と検索すると169件がヒットした（2018年7月25日時点）。なお、いくつか個人店舗もヒットしたが、本書では2店舗以上がヒットするチェーン店を対象とした。重複なども除いた結果、160店舗を対象となった。

図5-4　iタウンページのホームページ

まずは、Excelなどの表計算ソフトなどを用いてリストを作成する。Webページの検索結果からのコピー&ペーストを実施し、リストとして整えていく。属性データについては、本書では分析に関係のある店舗名（store_name）、チェーン企業（company）、住所（address）の3つとした（図5-5）。

図5-5　準備する店舗リストの例

5.2.2 緯度経度情報の取得（アドレスマッチング）

次に、店舗ごとの緯度経度を取得する必要がある。住所を緯度経度に変換するWebサービ

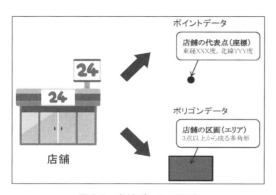

図5-3　店舗データの形式

スはいくつかあるが、本章では「Geocoding and Mapping[2)]」を利用する。Yahoo!JavaScript マップ API を利用したものであり、住所のほか、施設名にも対応している。図 5-6 に示すように、まず、①「地名・施設名からジオコーディング・地図化」を選択する。次に、②［住所、施設名等］ウィンドウに、住所のみ入力する。その際［並び順］は、「住所・施設名のみ」としておく。そして、③［住所変換］ボタンを押すことで、ウィンドウに入力した住所が緯度経度に変換される（処理は何度か繰り返される）。処理終了後、④［取得結果］ウィンドウに、店舗住所の緯度経度が出力される。その際、［一致住所］と［注意事項］の記述に注意する。また、同時に⑤マップ上に店舗がプロットされる。エクスクラメーションマークのものは、正しく緯度経度が取得されていない可能性が高いことに注意する。もし位置が間違っている場合は、マップで示されたポイントを移動させるなどして、正しい緯度経度を再取得する。

> **ヒント：住所エラーに要注意！**
>
> 　店舗名の場合は、すでに登録されていることが多いのでエラーになる確率はそれほど高くありません。ただし、店舗によってはエラーや注意事項が出る可能性があります。その場合はマップを見ながら修正する必要があります。修正したら［現在のマーカーの緯度/経度取得］のボタンをクリックすることで、住所を緯度経度に変換することができます。ただし、店舗の並び順が変わってしまうので、その点は十分留意しておきましょう。

こうして入手した緯度経度を先ほどのリストに追加する（図 5-7）。ここでは、経度（cxj）、緯度（cyj）とした。このファイルを csv 形式で保存する。本章では、「ToyohashiCVSList.csv」という名前として、【csv フォルダ】に保存しておこう。

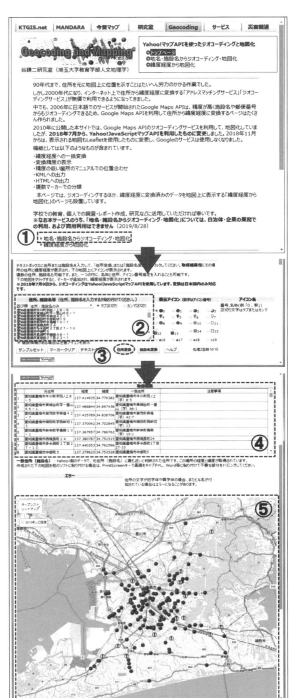

図 5-6　アドレスマッチングのプロセス

図 5-7　店舗リスト（緯度経度つき）

5.2.3 QGIS への読み込みとシェープファイル化

「ToyohashiCVSList.csv」のデータを QGIS に読み込み、シェープファイル（ポイントデータ）を作成する。方法については、第 4 章を参照のこと。ファイル名は、「ToyohashiCVS」とした。

5.3 空間分析手法の紹介（基礎）

5.3.1 バッファ分析

あるポイント・ライン・ポリゴンから等距離のエリアのことを「バッファ（Buffer）」と言い、そのようなエリアを生成させることを「バッファリング（Buffering）」という。バッファ内のエリアは、コンビニが利用しやすく便利な地域であり、複数のバッファに含まれていればより便利な地域となる。逆に、バッファから外れているエリアは、不便なエリアと言える（図 5-8）。このように、店舗から発生させたバッファは商圏として分析に利用されている。

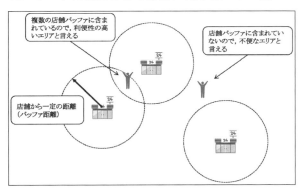

図 5-8 バッファの概念

このバッファを利用して、コンビニの利便性の高い地域を分析してみよう。操作方法は、以下のとおりである（図 5-9）。

①メニューバーの［ベクタ］＞［空間演算ツール］＞［バッファ］を選択する。

②ウィンドウが立ち上がるので、以下のパラメータを設定する。

［距離］⇒「500」（投影しているため、単位は m）とする。

この時留意したいのは、［結果を融合する］ボックスにチェックをいれるかどうかである（③）。

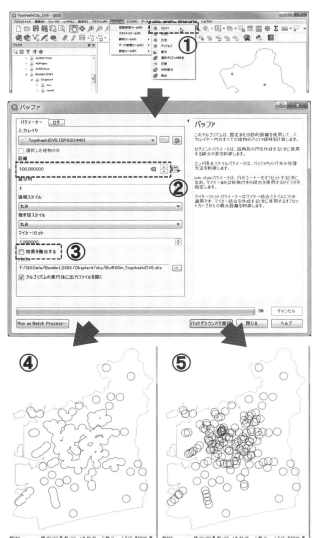

図 5-9 バッファの生成

チェックを入れると 1 つのバッファポリゴンにまとめられる（④）。チェックを入れないと店舗ごとにバッファポリゴンが作られる（⑤）。前者の場合は店舗は関係なく、地域内で 500 m 圏内にコンビニがあるかどうかを検討する際に有効である。一方、後者の場合は各店舗の商圏特性を把握する際に有効である。なお、属性データについてはポイントデータのものが引き継がれることにも留意しておこう。本章では、1 つのバッファポリゴンにまとめられたものを「MargeBuf500m_ToyohashiCVS」、店舗ごとのバッファポリゴンのものを「Buf500m_ToyohashiCVS」として、【shp フォルダ】内に、そ

れぞれシェープファイル形式で保存しておく。

　ここで、500 m 商圏が面積ベースで豊橋市全域のどれくらいをカバーしているか、簡単な空間分析を行おう。店舗の区別はしないので、1つのバッファポリゴンにまとめられたものを利用する。豊橋市域とバッファポリゴンの共通部分を求めるので、「統合」機能を利用する。図 5-10 に手順を示した。

①メニューバーの［ベクタ］＞［空間演算ツール］＞［統合］を選択する。

　ウィンドウが立ち上がるので、以下のパラメータを設定し、実行する（②）。

［入力レイヤ］⇒豊橋市域レイヤ「ToyohashiCity」を選択する。

［統合レイヤ］⇒バッファレイヤ「MargeBuf500m_ToyohashiCVS」を選択する。

　すると、店舗バッファと豊橋市域の統合（ユニオン）の結果が出力される。この時、デジタイジングツールバーを用いて、豊橋市域からはみ出したバッファのポリゴンについては削除しておく（③）。この状態になると、バッファのポリゴンとそれ以外のポリゴンの2つの地物になる。

④属性テーブルを開き、［フィールド計算機を開く］のアイコンを選択する。

⑤以下のパラメータを設定し、実行する。

［新しいフィールドを作る］⇒チェックを入れる。
［出力フィールド名］⇒「menseki」とする。
［出力フィールドタイプ］⇒「小数点付き数値」とする。
［精度］⇒「1」とする。
［式］⇒「$area/1000000」と入力する。「$area」は投影座標系に基づいて計算されるポリゴンの面積の結果であり、平面直角座標系の場合は「平方 m」で計算される。1000000 で割っているは、単位を「平方 km」にするためである。

　すると、⑥ menseki フィールドに面積が計算される（単位は、平方 km）。この結果から、500 m 圏内の面積は 76.4 km^2、500 m 圏外の面積が 186.0 km^{2}でることがわかった。従って、豊橋市におけるコン

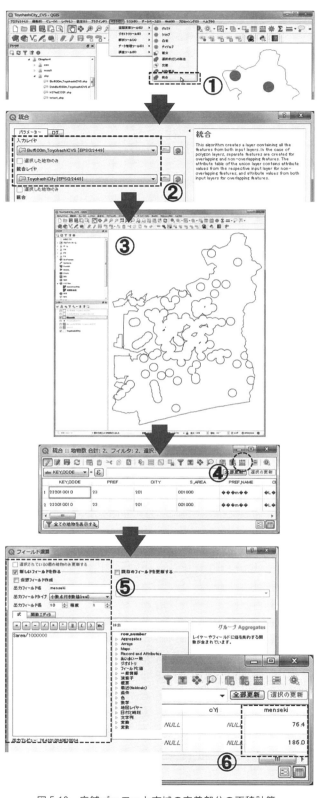

図 5-10　店舗バッファと市域の交差部分の面積計算

ビニ 500 m 商圏のカバー率は 29.1% との結果を得ることができる。

5.3.2 ボロノイ分割

複数のポイントを所与とするとき、各々の施設を最近隣とするような点集合からなる多角形に平面を分割する方法がボロノイ分割である（ロシアの数学者 Georgy Voronoy が由来であり、別名、ティーセン分割とも言う）。平面におけるボロノイ分割の手順は図 5-11 のとおりである。

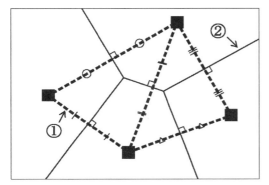

① 各点から最も近い点を選び、線を結んで三角網を作成する（点線部分）
② 三角形の各辺から垂直二等分線を描く（実線部分）

図 5-11　ボロノイ分割の手順

ボロノイ分割は、商圏や駅勢圏のような領域の設定や施設の配置評価などに利用されている。このボロノイ分割を、QGIS を利用して行ってみよう（図5-12）。

①［ベクタ］＞［ジオメトリツール］＞［ボロノイポリゴン］を選択する。

ウィンドウが立ち上がる。ただし、そのまま［バックグラウンドで実行］を押すと、ポイントの外側にポリゴンが作成されない（②）。従って、以下のパラメータを設定し、実行する。
［バッファ領域］⇒任意の距離（ここでは、豊橋市全域が入るように、「25」とした（③））

すると、ボロノイポリゴンが作成される（④）。なお、バッファと同様、属性データについてはポイントデータのものが引き継がれることにも留意しておこう。結果は、「Volonoi_ToyohashiCVS」として、

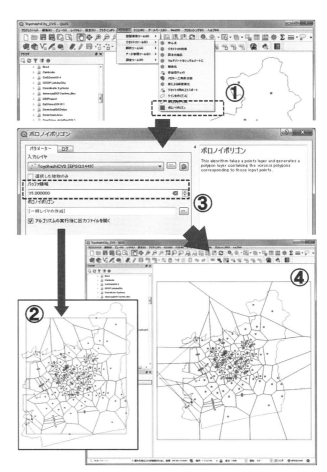

図 5-12　ボロノイポリゴンの作成

【shp フォルダ】内にシェープファイル形式で保存しておく。

ただし、このままでは豊橋市以外のエリアも含まれている。そこで、豊橋市の区画でボロノイポリゴンをクリップする（図 5-13）。

①［プロセッシングツールボックス］＞［ベクタオーバーレイ］＞［クリップ］を選択する。
②ウィンドウが開くので、以下のようにパラメータを設定する。
［入力レイヤ］⇒ボロノイポリゴン「Volonoi_Toyohashi CVS」を選択する。
［クリップレイヤ］⇒豊橋市域レイヤ「ToyohashiCity」を選択する。

すると、豊橋市の区画がボロノイ分割される。属性データについては、ポイントデータのものが引き継がれる（③）。この結果も、「Volonoi_

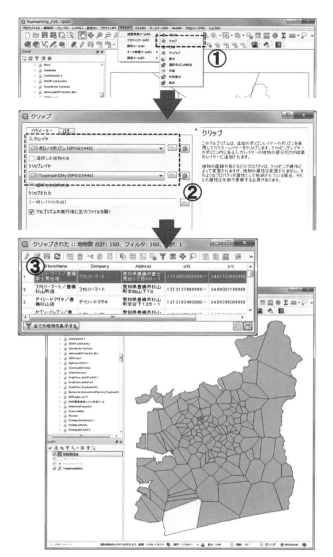

図 5-13 市域ポリゴンによるボロノイポリゴンのクリップ

ToyohashiCVS」として、【shp フォルダ】内にシェープファイル形式で保存しておく。

5.4 空間分析手法の紹介（応用）

5.4.1 バッファによる商圏分析とその考え方（面積按分）

5.3.1 では、店舗ごとに 500 m 商圏バッファを描いた。では、それぞれの店舗の商圏ごとに、何人住んでいるのであろうか。そこで、160 店舗の 500 m 商圏人口を計算しよう。利用するのは、先ほど作成したバッファポリゴン（Buf500m_ToyohashiCVS）と、500 m 人口メッシュデータ（Mesh4_Pop_ToyohashiCity）である。ここで、面積按分の考え方を紹介しよう。

数値が与えられている区画（ポリゴン）がある。そのポリゴンが分割されたときに、分割されたそれぞれの値を求めるにはどうすれば良いだろうか。その際にもともと与えられていた数値（例えば人口など）と、分割された面積比によって計算するのが面積按分である（図 5-14）。ただし、「区画のなかの分布が一定である」という仮定に基づくものなので、必ずしも正確な値が算出できるわけではないこと注意する。

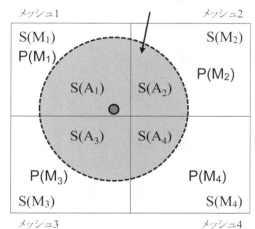

$P(M_i)$　メッシュi内の人口
$S(A_i)$　メッシュiと重なる商圏ポリゴンの面積
$S(M_i)$　メッシュiの面積

図 5-14 面積按分のイメージ

算出は以下の手順で行うことが多い。

1) 面積按分されるポリゴンの面積を求める
2) 面積按分されるポリゴンと面積按分するポリゴンのインターセクトを行う
3) インターセクトしたポリゴンの面積を求める
4) 1) と 3) で求められた値によって面積比を求める
5) 面積比と数値によって、インターセクトした

ポリゴンの面積按分値を求める
6) 何らかのキーとなる値で「サマリ（合計）」する

5.4.2 店舗ごとの商圏人口の計算

それでは、店舗ごとの商圏人口を計算してみよう。利用するのは、個別の店舗バッファデータ「Buf500m_ToyohashiCVS」と、人口メッシュデータ「Mesh4_Pop_ToyohashiCity」である。まず、人口メッシュデータ「Mesh4_Pop_ToyohashiCity」のメッシュポリゴンの各面積を求める（図5-15）。

①［属性テーブル］から［フィールド計算機］を開く。

②ウィンドウが開くので、以下のようにパラメータを設定する。

［新しいフィールドを作る］⇒チェックを入れる。
［出力フィールド名］⇒「m_area」とする。
［出力フィールドタイプ］⇒「小数点付き数値」とする。
［精度］⇒「2」とする。
［式］⇒「$area」と入力する。

すると、③のように、m_areaフィールドに面積が計算される（単位は、平方m）。

次に、このデータを商圏ポリゴンと交差（インターセクト）する（図5-16）。

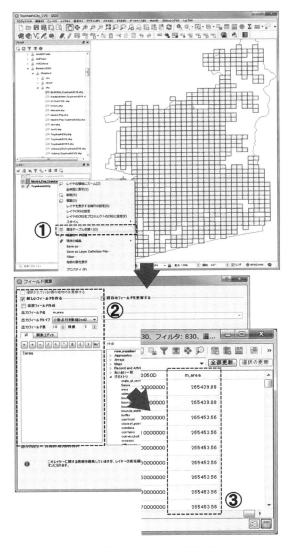

図5-15 メッシュの面積計算

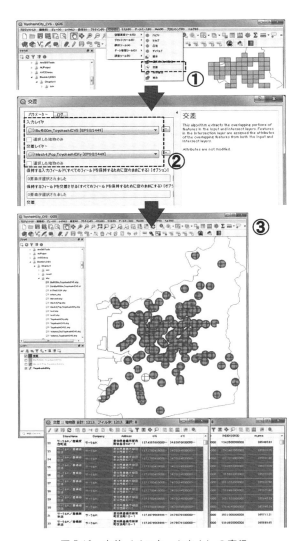

図5-16 交差（インターセクト）の実行

①［ベクタ］から［空間演算ツール］⇒［交差］を選択する。
②ウィンドウが開くので、以下のようにパラメータを設定する。
［入力レイヤ］⇒バッファポリゴン「Buf500m_ToyohashiCVS」を選択する。
［交差レイヤー］⇒人口メッシュデータ「Mesh4_Pop_ToyohashiCity」を選択する。
［バックグラウンドで実行］を押すと、バッファポリゴンとメッシュが交差（インターセクト）される（③）。

次に、ポリゴンごとの面積を計算する（図5-17）。
［属性テーブル］を開き、［フィールド計算機］を開く。
①ウィンドウが開くので、以下のようにパラメータを設定する。

［新しいフィールドを作る］⇒チェックを入れる。
［出力フィールド名］⇒「p_area」とする。
出力フィールドタイプ⇒「小数点付き数値」とする。
精度⇒「2」とする。
式⇒「$area」と入力する。

すると、②のようにp_areaフィールドに面積が計算される（単位は、平方m）。

続いて面積比を計算する。フィールド計算機の利用手順は、図5-17と同様であるため、図は省略する。
まず［属性テーブル］を開き、［フィールド計算機］を開く。
次にウィンドウが開くので、以下のようにパラメータを設定する。
［新しいフィールドを作る］⇒チェックを入れる。
［出力フィールド名］⇒「ratio」とする。
出力フィールドタイプ⇒「小数点付き数値」とする。
精度⇒「5」とする。
式⇒「p_area/m_area」と入力する。

すると、ratioフィールドに面積比が計算される。
こうして得られた面積比を各統計数値にかけ合わせることで、面積按分による商圏人口の計算ができる。ここでは、2010年と2050年の商圏人口を計算してみよう（図5-18）。

［属性テーブル］を開き、［フィールド計算機］を開く。
①ウィンドウが開くので、以下のようにパラメータを設定する。
［新しいフィールドを作る］⇒チェックを入れる。
［出力フィールド名］⇒「ppop2010」とする。
出力フィールドタイプ⇒「小数点付き数値」とする。
精度⇒「2」とする。
式⇒「pop2010*ratio」と入力する。

すると、ppop2010フィールドに分割されたポリゴンごとの2010年推計人口が計算される。2050年の人口も同様に計算しておこう（②）。

最後に、店舗ごとに集計を行う。Excelなどの表計算ソフトを用い、データをコピーして店舗名で集計する（図5-19）。Excelであればピボットテーブルを利用すれば良いであろう（①）。そうすると、

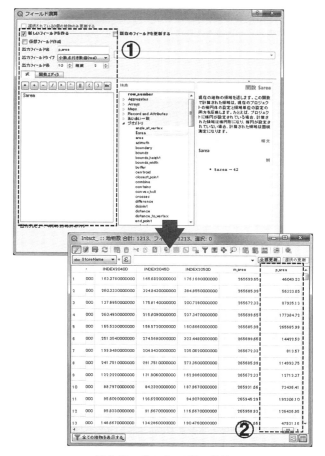

図5-17　ポリゴン面積の計算

店舗ごとの 500 m 商圏人口について 2010 年と 2050 年の値がそれぞれ計算できる（②）。結果から、40 年間で大きく減る店舗もあれば、あまり変わらない店舗、そして増加する店舗など様々であることがわかる。さらにチェーンごとに集計することで、立地傾向が異なることも把握できる（③）。

5.5　おわりに－これからの地域商業分析に向けて

近年、各種メディアで「買い物弱者」、「買い物難民」という用語がしばしばとりあげられている。小売・流通業界に限らず、「買い物場所がなくなる」という問題に関心が寄せられている。この背景には、日本における人口構造と社会・経済構造、そして都市構造の変化がある。2015 年の高齢化率は 26.6%（平成 27 年国勢調査）と日本では「超高齢社会」の真っただ中にあり、今後も高齢者人口は増加することが予測されている。その一方で、チェーン企業による大型スーパーの出店、零細店舗の後継者不足など様々な社会・経済的要因によって生鮮食料品店の数は減少し続けている。さらに、住宅や店舗の郊外化、そしてモータリゼーションの進展は、自動車利用を前提とした都市構造を作り出し、自動車を持たない人々、特に近くに買い物場所がない高齢者が、買い物難民・買い物弱者となっている。さらに単に買い物が不便というだけでなく、それにともなう健康被害のリスクの拡大までとらえようとする「フードデザート（Food Deserts）問題」という視点も注目されている。フードデザート問題は、①「生鮮食料品供給システムの崩壊」と②「社会的弱者の集住」という 2 つの要素により発生する社会問題である（岩間 2017）。

では、買い物難民・買い物弱者問題やフードデザート問題が発生している場所を把握できないだろうか。または、そうした問題に直面している人々の人数や属性を数値で示せないだろうか。もしそれができれば、問題解決のための具体的な施策を提示することができる。こうした際に、本章で示したよう

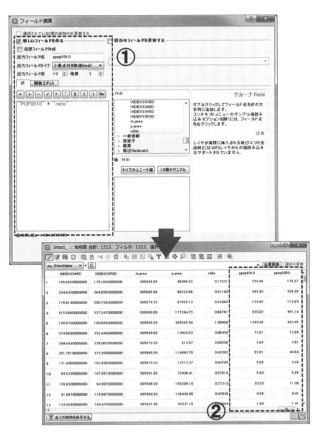

図 5-18　面積比に基づくポリゴンごとの人口推計

図 5-19　店舗別・チェーン別の商圏人口の計算

な地域商業の分析手法が有効である。ぜひ、自分の関心のある地域の商業環境を分析してもらい、課題を発見し、その解決に向けた施策を考えてみてほしい。

注
1) https://itp.ne.jp/
2) http://ktgis.net/gcode/（埼玉大学教育学部人文地理学・谷　謙二研究室）

参考文献
岩間信之（2017）『都市のフードデザート問題－ソーシャル・キャピタルの低下が招く街なかの「食の砂漠」』農林統計協会
川端基夫（2013）『改訂版　立地ウォーズ－企業・地域の成長戦略と「場所のチカラ」』新評論
宮下正房（2002）『商業入門』中央経済社

第6章　観光振興の空間的な定量評価

6.1　研究の概要

6.1.1　背景と目的

　観光立国推進基本法に基づき、2017（平成29）年3月に「観光立国推進基本計画」が閣議決定された。新たな基本計画は2020年までの4年間を対象とし、国内旅行消費額21兆円（2017年実績：21.1兆円）、訪日外国人旅行者数4,000万人（2,869万人）、訪日外国人旅行消費額8兆円（4.4兆円）、地方部における訪日外国人延べ宿泊数7,000万人泊（3,266万人泊）などを目標に掲げる[1]。計画目標値と実績値との比較からは、外国人旅行客による消費拡大への期待が大きく、インバウンド獲得が国の成長戦略として重視されているのがわかる。

　地方部における外国人宿泊数の拡大が計画目標の1つに掲げられていることからも明らかなように、観光は地方創生の切り札としても認識されている。そして、都道府県や市町村といった地方政府はこぞって独自の観光プロモーションを展開しており[2]、近年では、人口1万人程度の山間町村までもが総合計画の主要施策にインバウンド獲得を位置付けるようになった（村山 2017）。そのような観光の大衆化は地域おこしに貢献する一方で、資源保全にマイナス効果をもたらすことが危惧されている。なぜなら、過度な大衆化によって観光資源は消費されるからである。そこで、観光振興は内発的で地域の実情に合った開発内容であることが求められ、結果、公共事業として扱われる機会も多くなっている。

　そのような公共事業としての観光振興に対しては、従来のマーケティングとは異なる観点からの評価が必要となる。人気や費用対効果に基づく良し悪しの判断だけでなく、例えば、遍在化を排除する公平性の視点はその1つとなろう。何が遍在するかの対象は多岐にわたるが、公共サービスを評価する一要素として、受益圏域での資源分布の密集もしくは分散に注目する必要があるだろう。そして、そのような資源分布の地理空間を捉える手段として、地理情報システム（GIS）による空間解析は有効である。

　本章は愛知県新城市と北設楽郡3町村からなる奥三河地区を事例に、奥三河観光協議会がプロモーションする観光スポットの距離や分布を計測する。そして、地理空間に関する指標をもとに政策としての観光振興を再検討する。

6.1.2　分析手法と手順

　地物や現象間の地理的位相関係から、地域特性を視覚的に捉える第4章と第5章の実習に対して、本章では距離や分布の地理空間を数理的に捉える簡単な方法を実践する。図6-1には本章の構成と作業手順を示す。つづく2節では住所情報から緯度経度データを取得し、図形データを生成して分析に用いるデータセットを準備する。3節では観光スポット間の距離と主要幹線道路からの直線距離を計測する。そして、観光資源としての特徴を踏まえた資源間の近傍などから、新たな観光周遊モデルコースを設計する。4節では観光スポットの分布特性より政策としての観光プロモーション事業を評価する。

　任意の距離・位相空間で切り取った地域特性（人口など）の再集計といったGISが得意とする空間解析ではなく、資源間の距離やその分布特性を定量化し、それら地理空間の特徴をもとに公共政策としての観光振興について議論してみる。図6-2には、本章の各項で展開する距離と分布の定量化のイメージを示す。3節2項ではポイントデータ間の直線距

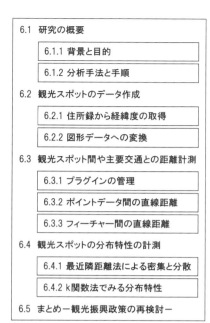

図 6-1 章の構成と作業手順

6.2 観光スポットのデータ作成

　愛知県奥三河地区は長野県と静岡県の県境にあり、新城市、設楽町、東栄町、豊根村で構成される。土地面積の概ね 87%が森林で、平成 27 年国勢調査での新城市の人口総数が 47,113 人、北設楽郡 3 町村の合計が 9,655 人、高齢化率も 50%を超える将来予測がなされる過疎地域である。

　そのような奥三河の広域観光振興は観光協議会が中心となって取り組んでいる。2016 年に開通した新東名高速道路の新城インターチェンジ付近にある道の駅構内では、一般財団法人奥三河観光協議会が観光案内所を運営している。愛知県「観光レクリエーション利用者統計（平成 28 年）」によると、奥三河地区では道の駅もっくる新城の年間利用者数が最も多く、愛知県民の森、鳳来寺山、茶臼山高原がそれに続く利用者数で、観光スポットとなっている。

　本節では、空間解析に用いる GIS 地図データを準備する。はじめに、図 6-4 の奥三河観光情報サイト「キラッと奥三河観光ナビ」（https://www.okuminavi.jp/）を参考に、プロモーション対象となっている奥三河の観光スポットのリストを作成する。そして、Web サイト「CSV アドレスマッチングサービス」を利用して経緯度を入手し、QGIS を用いてベクタモデルのポイントデータを生成する。

離、3 節 3 項ではポイントからラインデータまでの直線距離、そして、4 節 1 項と 2 項では特定域内の点分布の特性を計測する。数値計測には QGIS のプラグインやその他のフリーソフトを活用する。

　データ保存環境を整えることは GIS 空間解析を行う上で重要となる。そこで、図 6-3 には本演習の

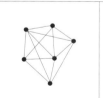
6.3.2
ポイントデータ間の
直線距離

6.3.3
フィーチャー間の
直線距離

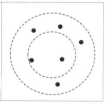
6.4.1 & 6.4.2
圏域内の点分布
（最近隣距離法・k関数法）

図 6-2　距離と分布の定量化イメージ

作業環境を示す。新たに生成したデータ等は、図のフォルダ構造の下に適切に保存して管理することが推奨される。

図 6-3　フォルダ構成

図 6-4　「キラッと奥三河観光ナビ」

6.2.1 住所録から経緯度の取得

奥三河観光ナビでは94件のモデルコースがプロモーションされており、各コースは4件から6件程度の観光スポットをつなぐルート設定となっている。モデルコース間での重複を除くと、合計144件の観光資源や施設が掲載されている（2018年8月時点筆者調べ）。

・住所など属性情報を含む観光資源リストの作成

奥三河観光協議会の案内サイトより情報を集約し、表6-1のような住所付きの観光資源リストをCSV形式で作成する。その際、各スポットの属性データも合わせて準備する。本章で注目するのは資源間の距離や分布といった地理空間だが、資源の特徴も材料とすることで具体的な観光振興の検討が可能となる。例えば、モデルコースへの出現頻度は公平性の視点より公共事業としての観光振興を検討する上で有意義な項目である。また、観光スポットの資源・施設内容を分類した「食事処」や「文化財」といった任意のカテゴリーも、主観的な区分ではあるが観光振興の分析に役立つだろう。さらに、観光周遊ネットワークを考慮する場合には、モデルコースの出発点と終着点といったネットワークエッジへの注目も必要だろう。このような空間トポロジーを考慮したデータベース管理とネットワーク解析に関しては、第8章で詳しく解説している。表6-2はそのように集約した観光資源の属性情報の一例である。該当する項目には「1」を、該当しない項目は「0」を入力してリスト化する。

・Webサイトを活用した経緯度の取得

次に、入力した住所をもとに経緯度を取得する。アドレスマッチングの概要については第5章を参照されたい。アドレスマッチングの方法はいくつかあ

表6-2 観光資源リストの属性項目

Attribute		Variable
モデルコースへの出現回数	frequency	1〜16
観光スポットの内容カテゴリー	食事処	restaurant	0, 1
	宿泊&日帰り温泉	lodging	0, 1
	直売所&みやげ	market	0, 1
	文化財	cultural	0, 1
	自然景観	natural	0, 1
	体験型施設	activity	0, 1
モデルコースの出発地点	s_point	0, 1
モデルコースの終着地点	e_point	0, 1

表6-1 奥三河地区の観光資源リスト（一部抜粋）

id	name	address	frequency	restaurant	lodging	market	cultural	natural	activity	s_point	e_point
1	澤田屋	新城市井代字星越32-2	1	0	0	1	0	0	0	0	1
2	鮨処つかさ	新城市井代字大貝津42-1	1	1	0	0	0	0	0	0	0
3	鳳城苑	新城市横川字追分270-6	1	1	0	0	0	0	0	0	1
4	cafe 爾今	新城市下吉田柿本43	2	1	0	0	0	0	0	0	0
5	川魚料理 山王	新城市下吉田字南山王42-3	1	1	0	0	0	0	1	0	0
6	阿寺の七滝	新城市下吉田沢谷下25-3	2	0	0	0	0	1	0	0	0
7	青龍山 満光寺	新城市下吉田田中140	1	0	0	0	1	0	0	0	0
8	手作り可笑や 安樹	新城市下吉田田中140	2	1	0	0	0	0	0	0	0
9	道の駅 鳳来三河三石	新城市下吉田字田中106-1	5	1	0	1	0	0	0	1	0
10	柿本城跡	新城市下吉田字柿本地内	1	0	0	0	1	0	0	0	0
11	梅の里 川売（かおれ）	新城市海老紙屋22	3	0	0	0	0	1	0	0	0
12	割烹 かとう	新城市笠岩13-3	1	1	0	0	0	0	0	0	0
13	信玄砲（宗堅寺）	新城市宮ノ前48	1	0	0	0	1	0	0	0	0
14	富永神社例大祭（能狂言・手筒花火）	新城市宮ノ後78	1	0	0	0	1	0	0	0	0
15	学童農園山びこの丘	新城市玖老勢字新井9	5	1	1	0	0	0	1	0	1
16	望月家住宅	新城市黒田字高縄手7番地	1	0	0	0	1	0	0	0	0
17	長ノ山湿原	新城市作手岩波長ノ山	2	0	0	0	0	1	0	0	0
18	巴湖	新城市作手高里菅坊沢	1	0	0	0	0	1	0	0	0
19	作手 歴史の小径	新城市作手高里縄手上35	1	0	0	0	1	0	0	0	0
20	黒瀬 庄ノ沢湿地	新城市作手黒瀬字庄ノ沢	1	0	0	0	0	1	0	0	0
21	鳴沢の滝	新城市作手守義字小滝	2	0	0	0	0	1	0	0	0
22	つくで田舎レストランすがもり	新城市作手菅沼字マンゼ18	1	1	0	0	0	0	0	0	0
23	清岳 向山湿原	新城市作手清岳向山16-219	1	0	0	0	0	1	0	0	0
24	亀山城址	新城市作手清岳シロヤシキ	2	0	0	0	1	0	0	0	0
25	道の駅 つくで手作り村	新城市作手清岳字ナガラミ10-2	5	1	0	1	0	0	1	0	1
26	須山のイヌツゲ	新城市作手清岳字下モ畑	1	0	0	0	0	1	0	0	0
27	古宮城址（古宮地区・白鳥神社）	新城市作手清岳字宮山31	1	0	0	0	1	0	0	0	0
28	涼風の里（せせらぎエリア）	新城市作手善夫バンバ平43	1	0	1	0	0	0	1	0	0
29	ふれあい牧場 高原ハウス	新城市作手田字柿ノ平10	3	1	0	1	0	0	1	0	0
30	ミルク工房スコット	新城市作手田字長ノ山1-200	3	0	0	1	0	0	0	0	0
31	鬼久保ふれあい広場	新城市作手白鳥鬼久保5-23	2	0	0	0	0	0	1	0	0
32	四谷の千枚田	新城市四谷	2	0	0	0	0	1	0	0	0
33	亀姫の墓（大善寺）	新城市字西入船22	1	0	0	0	1	0	0	0	0
34	太田白雪句碑（永住寺）	新城市字裏野3	1	0	0	0	1	0	0	0	0
35	百間滝	新城市七郷一色	1	0	0	0	0	1	0	0	0
36	花の木公園	新城市出沢橋詰118-1	6	1	0	1	0	1	0	1	1

り、本章では東京大学空間情報科学研究センターが提供する「CSV アドレスマッチングサービス」(https://geocode.csis.u-tokyo.ac.jp/home/csv-admatch/) を利用した方法を紹介する。図 6-5 の CSV アドレスマッチングサービスのパラメータ設定画面で、[変換したいファイル名] に観光資源リストの csv ファイルを選ぶ。そして、[住所を含むカラム番号] には住所情報のある列番号を入力し、[対象範囲] には利用する住所と座標系の対応表を選択する。本章の実習では愛知県奥三河地区を対象とするため、「愛知県街区レベル（経緯度・世界測地系）」を選択している。パラメータの設定を送信すると、変換された経緯度データを含む csv ファイルが返信される。

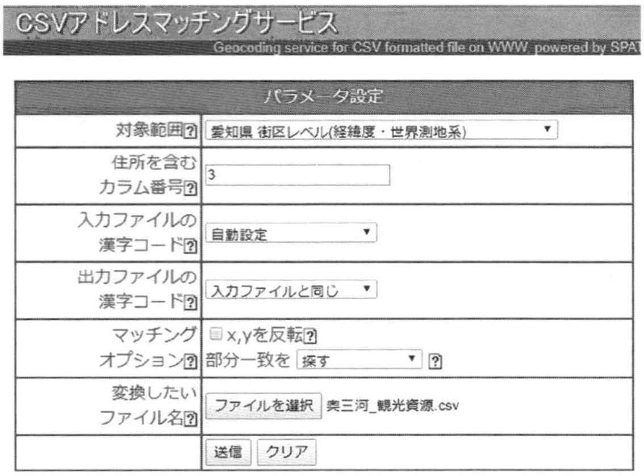

図 6-5 「CSV アドレスマッチングサービス」

経緯度付き csv ファイルでは、[iConf] の列で変換の信頼度を確認し、[iLvl] では変換の住所階層レベルが確認できる。例えば、変換の信頼度は高いが住所階層レベルが大字レベルのマッチング結果であれば、後のポイントデータ作成時に観光スポットが間違った位置に表示されるといった変換ミスが生じる。そこで、変換結果にそのような精度不足がある場合、Web サイト「ウェブ地図で緯度・経度を求める」(https://user.numazu-ct.ac.jp/~tsato/webmap/sphere/coordinates/advanced.html) などを活用して、正確な経緯度情報でリストを補完する必要がある。図 6-6 に示すように、「ウェブ地図で緯度・経度を求める」では地形図や航空写真などを背景図に選択でき、地図上で任意の建物や場所にカーソルを合わ

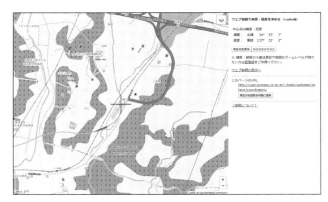

図 6-6 「ウェブ地図で緯度・経度を求める」

せると正確な経緯度が入手できる。

6.2.2 図形データへの変換

経緯度付きの観光資源リスト（csv ファイル）が完成したら、その経緯度をもとにベクタモデルのポイントデータを作成する。QGIS での経緯度情報からのベクタデータ生成は［デリミティッドテキストレイヤの追加］より行う。作業手順については本書の第 4 章が詳しいため、ここでは詳細について取り上げない。

観光スポットのポイントデータ生成が完了したら、分析エリアのその他の地図データも追加する。本章の実習では、奥三河市町村域のポリゴン（city_boundary.shp）と国道 151 号線のライン（route151.shp）の 2 つのシェープファイルを追加する。メニューバーの［レイヤ］＞［レイヤの追加］＞［ベクタレイヤの追加］からそれらデータを読み込む。各シェープファイルのシンボロジーを調整すると、図 6-7 のような奥三河地区における観光スポット分布図が完成する。

奥三河観光ナビのモデルコースで最頻出の観光スポットは計 36 回の道の駅もっくる新城で、新東名高速道路のインターチェンジ付近にある立地の良さも手伝い、多くのモデルコースの出発地点として利用されている。次いで多いのは長篠城址史跡保存館の 16 回、モデルコースに複数回出現する観光スポットは 144 件中 76 件ある。図 6-8 は出現頻度を等級表示した主題図で、閾値を手動設定した 5 カテゴリーの等級シンボル図である。主題図作成やシンボ

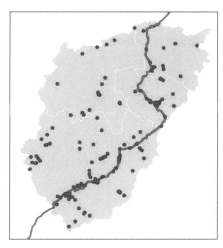

図 6-7　奥三河地区の観光スポット分布図

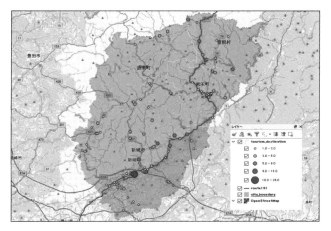

図 6-8　モデルコースへの出現頻度別にみる観光スポットの分布

ロジーの詳細に関しては第 2 章と第 3 章を参照されたい。

　奥三河地区を縦断する国道 151 号線と新城市を横断する新東名高速道路との交差付近に、出現頻度の多い道の駅もっくる新城と長篠城址史跡保存館がある。図からは、観光協議会のプロモーションでは国道 151 号線沿いの観光スポットが比較的高頻出である一方、151 号線の通らない設楽町内の観光スポットの出現頻度が低くなっているのがわかる。図 6-8 の主題図からは観光プロモーション政策の偏在性を視覚的に把握することができる。

　出現頻度などの属性データは、観光スポットのデータレイヤ［tourism_destination］を右クリックし、［属性テーブルを開く］から確認できる。さらに、プラグイン「Open Layers Plugin」を使用すれば、図 6-8 のように OpenStreetMap や衛星画像などを背景図として活用することができる。プラグインのインストールについては次節で紹介する。

6.3　観光スポット間や主要交通との距離計測

　作成したポイントデータを用いて地物間の直線距離を求める。はじめに、観光スポット間の直線距離を計測する（point_to_point）。次に、観光スポットから奥三河地区の主要幹線である国道 151 号線までの距離を計測する（point_to_line）。ポイントデータ間の直線距離は QGIS 3.2.1 に自動的にインストールされるプラグインで計測できるが、ポイントからラインといった他フィーチャ間の距離計測のためには新たなプラグインが必要となる。そこで、以下ではプラグインについて簡単に紹介する。

6.3.1　プラグインの管理

　QGIS の初期設定では空間解析の機能が限られており、プラグインを新たに追加することで多くの拡張機能を実装することができる。そのようなプラグインにはコアプラグインと外部プラグインの 2 種類あり、コアプラグインは QGIS 開発チームによって維持され、QGIS 本体とともに自動的にインストールされる。ベクタモデルデータの解析で主に用いる fTool プラグインがそれにあたる。一方、外部プラグインは個々の開発者によって維持管理されており、種類は豊富であるが更新環境が一様でない。分析者はそれら外部プラグインの中から必要な機能を備えたプラグインを検索し、別途インストールしなければならない。図 6-9 のように、プラグイン管理画面を通じて公式リポジトリにアクセスすることで、必要な機能を備えたプラグインを検索することが可能である。

・プラグインの検索とインストール

　QGIS でのプラグインのインストール手順は以下

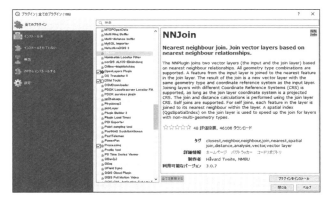

図6-9 プラグイン管理画面

のとおりである。メニューバーの［プラグイン］＞［プラグインの管理とインストール...］からプラグイン管理画面を立ち上げる。つぎに、必要な機能を備えるプラグインを検索する。ここでは例として、フィーチャ間の距離計測の機能を備えるプラグイン「NNJoin」を検索してみる。そして、インストールするプラグインを選択し、［プラグインをインストール］からインストールを開始する。インストール完了後は、［インストール済］リストより任意のプラグインが起動しているか確認する。

図6-9の左メニューにあるように、管理画面ではインストール済みのプラグインを起動したり、本体バージョンアップで互換性を失ったプラグインを無効化したりできる。また、設定メニューでは、プラグイン検索の設定を変更することもでき、公式以外のリポジトリにアクセスすることも可能である。くわえて、使用したいプラグインが見当たらない場合、図6-10のQGIS公式サイト（http://plugins.qgis.org/plugins/）で直接検索して、ダウンロード解凍したファイルを「QGIS」＞「apps」＞「qgis」＞「python」＞「plugins」の領域に保存すれば、QGISでプラグインとして起動できるようになる。しかしながら、旧バージョンにのみ対応するプラグインは起動できないこともあるので注意が必要である。

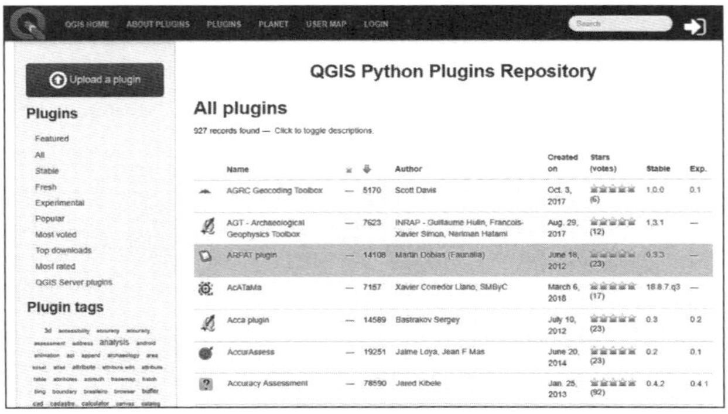

6.3.2　ポイントデータ間の直線距離

ポイントデータ間の直線距離を計測する（point_to_point）。ここでは同一レイヤ内でのポイントデータ間の距離行列を作成する。はじめに、奥三河地区の観光周遊の出発地点である道の駅もっくる新城からの直線距離を計測し、次に各観光スポットと最近傍スポット間の距離を計測する。以下、その作業手順を示す。

・ポイントデータ間の距離行列

図6-11のように、［ベクタ］＞［解析ツール］＞［距離マトリックス］と進め、距離マトリックスウィンドウを立ち上げる。［ポイントレイヤを入力する］と［対象ポイントレイヤ］には、距離計測するポイントデータを選択する。つぎに、［ユニークIDフィールド］には、出力される距離行列に残したい属性テーブルの列項目を選択する。［出力マトリックスタイプ］には、「線形(N*k × 3)距離行列」を選択する。そして、［距離マトリックス］では、任意の保存先とファイル形式、ファイル名を入力し、［バックグラウンドで実行］で保存する。

出力された一覧表からは、本章が対象とする144件の観光スポット間の距離行列を確認できる。例えば、図6-11の表のように、道の駅もっくる新城から各観光スポットまでの直線距離のみを抽出することもでき、新東名開通後の観光周遊起点からのモデルルート設計の参考となる。くわえて、図6-11の距離マトリックスウィンドウの［出力マトリックスタイプ］には「標準（N × T）距離行列」もしくは「距離統計行列」も選択でき、ポイント間の距離行列に関する異なるアウトプットを得ることができる。

図6-10　QGIS公式サイト（プラグイン）

第 6 章 観光振興の空間的な定量評価

観光案内サイトのプロモーションに基づく距離行列からは、他スポットが最も近くに集積している観光スポットは鳳来寺であることが分かった（平均11.9 km）。一方、他からの距離が遠くて最も孤立気味なプロモーション傾向にある観光スポットは、平均で28.7 km離れている豊根村（旧富山村）の湯の島温泉となった。観光スポット間の平均距離を市町村別と施設内容別に再集計したのが図6-12である。144件の観光スポットの平均が16.4 kmなのに対して、豊根村の観光スポットの平均距離は23.2 kmと他スポットからの距離が遠い。豊根村は奥三河地区の最奥で地理的に不利な条件下にあるため、モデルコースに掲載する回数を増やすなどして、観光振興プロモーションに表象する偏在を是正することが望ましい。また、内容別の平均距離に大きな差はみられないが、体験型施設のみが144件合計の平均距離を上回る結果となったことから、孤立気味なプロモーション傾向にあるといえる。

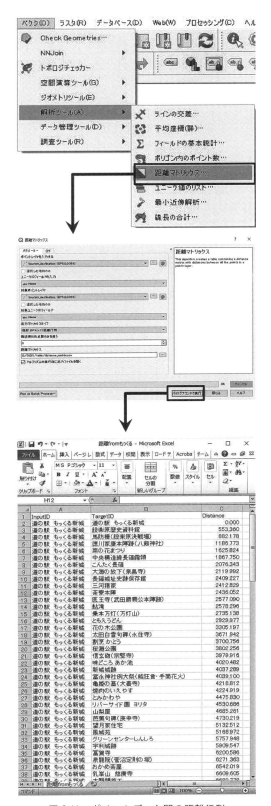

図 6-11　ポイントデータ間の距離行列

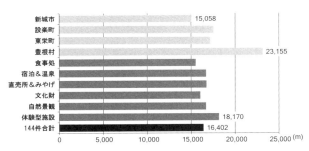

図 6-12　市町村別・内容別の観光スポット間の平均直線距離

・最近傍のポイントデータとの距離

先と同様に、図6-13の距離マトリックスウィンドウを立ち上げる。［ポイントレイヤを入力する］と［対象ポイントレイヤ］にポイント間の距離を計測するデータレイヤを選択し、［出力マトリックスタイプ］には「線形(N*k × 3)距離行列」を選択する。つぎに、［最近傍(k)の点群のみを使う］に直線距離を計測するポイントの数を入力する。たとえば、「1」を入力した場合、最も近くにある観光スポット1つとの距離が出力される。「2」の場合は、近い順に2つの観光スポットとの距離を計測することができる。［距離マトリックス］で任意の保存先とファ

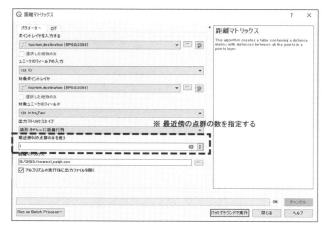

図6-13 最近傍距離マトリックスの設定ウィンドウ

イル形式、ファイル名を入力して［バックグラウンドで実行］で保存する。

体験型施設はプロモーションされている他の観光スポットから遠いという結果が先の分析でみられたが、［ユニークIDフィールド］と［最近傍の点群］を指定することで体験型施設から近隣にある任意の数の観光スポットを集計することができ、新たな周遊モデルのコース設定に役立つ情報となる。例えば、最近傍の点群を「1」とした表6-3の集計結果からは、奥三河地区でプロモーションされる体験型施設は自然景観（natural）や他の体験型施設（activity）と近傍関係にあり、周遊モデルとして自然体験コースなどを設定しやすいことが予想できる。一方、プロモーションされている文化財（cultural）からは比較的離れており、文化と自然の両方を同時に経験できる周遊モデルを構築するためには、スポット間をつなぐリンクとなる新たな文化財の発掘が必要となるだろう。

また、最近傍の点群に「5」と入力することで、各観光スポットから近傍関係にある上位5つのスポットの直線距離とその特徴を集計することができ、周遊モデルを構築する上でのさらなる判断材料を得ることが可能となる。全144件の観光スポットの結果から主要観光スポットのみを抽出したのが、表6-4である。例えば、山間農村の原風景を残す「四谷の千枚田」を観光ツアーの中心とする場合、設楽町田峰の城跡や寺社といった文化財と直売所をめぐったり、季節限定であれば川売の梅花を観察したり、八雲苑で鮎つかみを体験したりといった周遊モデルコースが考えられる。道の駅もっくる新城をスタートしてから上述6つの観光スポットをめぐる片道36.8kmの観光ルートは図6-14の

表6-3 体験型施設から最近傍にある観光スポットの特徴

Target ID	Input ID	name	address	frequency	restaurant	lodging	market	cultural	natural	activity	s_point	e_point	Distance
1	3	鳳城苑	新城市	2	1	0	0	0	0	0	0	1	1864.58
1	15	学童農園山びこの丘	新城市	5	1	1	0	0	0	1	1	1	2956.55
1	17	長ノ山湿原	新城市	2	0	0	0	0	1	0	0	1	724.35
1	20	黒瀬 庄ノ沢湿地	新城市	1	0	0	0	0	1	0	0	0	1503.17
1	22	つくで田舎レストランすがもり	新城市	1	1	0	0	0	0	0	0	0	1789.84
1	24	亀山城址	新城市	2	0	0	0	1	0	0	0	0	247.87
1	26	須山のイヌツゲ	新城市	1	0	0	0	0	1	0	0	0	642.30
1	29	ふれあい牧場 高原ハウス	新城市	3	1	0	0	0	0	1	1	0	235.88
1	30	ミルク工房スコット	新城市	3	0	0	1	0	0	1	0	1	235.88
1	50	のーまんばざーる荷互奈	新城市	3	0	0	1	0	0	0	1	1	1419.72
1	68	湯谷園地（美谷駐車場・宇連川ヤナ）	新城市	1	1	0	0	0	0	1	0	0	1299.63
1	78	鳳来峡・板敷川	新城市	4	0	0	0	0	1	1	1	1	1327.72
1	80	朝霧湖（大島ダム）	新城市	3	0	0	0	0	1	0	0	1	595.92
1	89	愛知県民の森（宇連山、大津谷渓谷）	新城市	7	0	1	0	0	1	1	1	1	1299.63
1	95	神田の黒梅	設楽町	1	0	0	0	0	1	0	0	0	241.58
1	99	面ノ木ビジターセンター（天狗棚）	設楽町	4	0	0	0	0	1	0	0	0	1862.61
1	112	のき山学校（naoriミネラルファンデーション体験）	東栄町	3	1	0	0	0	0	1	1	1	736.39
1	115	奥三河紅葉園	東栄町	1	0	0	0	0	1	0	0	0	68.19
1	129	和太鼓 志多ら	東栄町	1	0	0	0	1	0	0	1	0	2560.71
1	133	レストラン みどり	豊根村	4	1	0	0	0	0	0	0	1	734.22
1	135	グリーンステージ花の木	豊根村	2	0	0	0	0	1	0	0	0	1987.87
1	136	茶臼山高原	豊根村	7	0	0	0	0	1	1	0	0	1987.87
1	137	ブルーベリー摘み取り園（山内農園）	豊根村	1	0	0	0	0	0	1	0	1	2576.41
1	142	新豊根ダム	豊根村	6	0	0	0	0	1	0	1	0	3752.48
1	144	三沢高原 いこいの里	豊根村	2	0	0	0	0	0	0	0	1	2576.41
1	145	湯の島温泉	豊根村	2	0	0	0	0	0	0	1	0	4619.32

第 6 章　観光振興の空間的な定量評価

表 6-4　主要観光スポットから近傍の上位 5 スポットの特徴

Input ID	name	Target ID	name	address	frequency	restaurant	lodging	market	cultural	natural	activity	s_point	e_point	Distance
32	四谷の千枚田	96	八雲苑　清崎店	設楽町	2	1	0	0	0	0	1	0	1	2399.25
32	四谷の千枚田	11	梅の里　川売(かおれ)	新城市	3	0	0	1	0	1	0	0	0	2852.98
32	四谷の千枚田	103	歴史の里　田峯城	設楽町	3	0	0	0	1	0	0	0	1	2928.44
32	四谷の千枚田	105	田峯特産物直売所	設楽町	3	0	0	1	0	0	0	0	0	3298.89
32	四谷の千枚田	104	田峯観音	設楽町	3	0	0	0	1	0	0	0	0	3392.47
58	長篠城址史跡保存館	39	乗本万灯（万灯山）	新城市	1	0	0	0	1	0	0	0	0	376.27
58	長篠城址史跡保存館	59	こんたく長篠	新城市	7	1	0	1	0	0	1	0	0	440.58
58	長篠城址史跡保存館	60	茶寮本陣	新城市	1	1	0	0	0	0	0	0	0	482.94
58	長篠城址史跡保存館	57	ともえうどん	新城市	1	1	0	0	0	0	0	0	1	571.80
58	長篠城址史跡保存館	63	中央構造線長篠露頭	新城市	1	0	0	0	0	1	0	0	0	617.04
69	道の駅もっくる新城	52	設楽原歴史資料館	新城市	6	0	0	0	1	0	0	0	0	553.36
69	道の駅もっくる新城	45	馬防柵（設楽原決戦場）	新城市	2	0	0	0	1	0	0	0	0	882.18
69	道の駅もっくる新城	51	徳川家康本陣跡（八劔神社）	新城市	2	0	0	0	1	0	0	0	1	1186.77
69	道の駅もっくる新城	38	菜の花まつり	新城市	1	0	0	0	0	1	0	0	0	1625.82
69	道の駅もっくる新城	63	中央構造線長篠露頭	新城市	1	0	0	0	0	1	0	0	0	1867.75
88	愛知県民の森	68	湯谷園地（宇連川ヤナ）	新城市	1	1	0	0	0	0	0	0	0	1299.63
88	愛知県民の森	78	鳳来峡・板敷川	新城市	4	0	0	0	0	1	0	0	0	1327.72
88	愛知県民の森	67	鳳来ゆ〜ゆ〜ありいな	新城市	6	0	1	0	0	0	1	0	0	2483.34
88	愛知県民の森	43	鳳来湖（宇連ダム）	新城市	1	0	0	0	0	1	0	0	0	2566.07
88	愛知県民の森	81	石雲寺（名号の放下）	新城市	2	0	0	0	1	0	0	0	0	2585.86
135	茶臼山高原	134	グリーンステージ花の木	豊根村	2	0	0	0	0	0	0	0	0	1987.87
135	茶臼山高原	99	道の駅　つぐ高原グリーンパーク	設楽町	3	0	0	0	0	0	1	0	1	4984.65
135	茶臼山高原	142	道の駅豊根グリーンポート宮嶋	豊根村	8	1	0	0	0	0	0	0	0	5203.00
135	茶臼山高原	98	面ノ木ビジターセンター（天狗棚）	設楽町	4	0	0	0	0	0	0	0	0	6845.67
135	茶臼山高原	143	三沢高原　いこいの里	豊根村	2	0	1	0	0	0	0	0	0	7530.05

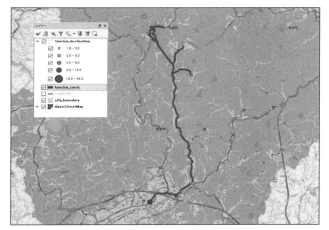

図 6-14　「四谷の千枚田」と近隣の観光スポットをめぐる周遊ルート

とおりである。また、表 6-4 の分析結果に基づけば、茶臼山高原と近隣の体験型施設を回るルートや、長篠城址史跡保存館を起点とする戦国史跡巡りなど、近隣距離と属性データの組合せ次第で多種多様な周遊モデルの提案が可能となる。ちなみに、図 6-14 の四谷の千枚田などをめぐるルートの GIS データは Web サイト「Open Route Service（https://openrouteservice.org/）」で作成し、QGIS で追加表示している。

6.3.3　フィーチャ間の直線距離

次に複数フィーチャ間の直線距離を計測する。ポイント間の直線距離は初期設定で実装される fTool プラグインで計測できるが、ポイントとラインのベクタデータ間の距離計測にはプラグイン「NNJoin」を利用する。ここでは、観光スポットから主要幹線の国道 151 号線までの距離を計測する（point_to_line）。以下がその作業手順である。

・ポイントとライン・ベクタ間の距離計測

［プラグインの管理とインストール］より、「NNJoin」をインストールし起動する（詳細は 6.3.1「プラグインの管理」を参照）。図 6-15 のように［ベクタ］＞［NNJoin］＞［NNJoin］とすすめ、NNJoin のパラメータ設定画面を立ち上げ、つぎを設定する。［Input vector layer］には、結合元になるベクタデータを選択する。ここでは観光スポットの「tourism_destination」を選択。選択フィーチャからの距離のみ必要な場合は［Selected only］にチェックする。［Join vector layer］は、結合されるベクタデータを選択する。［Join prefix］に入力した文字が、結合されたテーブルの列タイトルに追記される。［Output layer］には、出力データ名を入力する。［Neighbour distance field］は算出される距離テーブルの列タイトルとなる。最後に、出力されたデータは、［エクスポート］＞［Save Features As...］からシェープファイルもしくは csv ファイル

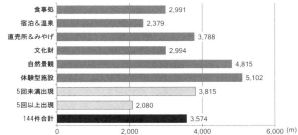

図 6-16 国道 151 号線から観光スポットまでの距離

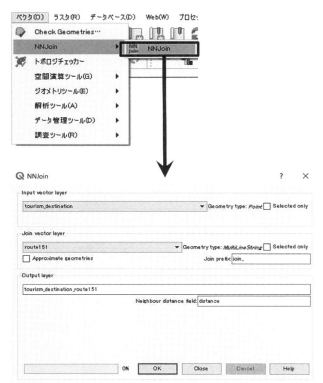

図 6-15 NNJoin のパラメータ設定画面

として保存する。

観光案内サイトでプロモーションされているモデルコースの 144 件の観光スポットから国道 151 号線までの距離の平均が 3.6 km、主要幹線から 10 km 以上離れたスポットは 16 件、最も遠いスポットは 16.9 km 離れた「段戸裏谷原生林 (きららの森)」である。図 6-16 では、施設内容別とモデルコースへの出現頻度別に 151 号線からの距離を再集計している。施設内容別に見ると、食事処や宿泊＆温泉は比較的沿道のスポットがプロモーションされているのに対して、自然景観や体験型施設は国道から離れたスポットが多くなっているのがわかる。また、モデルコースに 5 回以上出現する観光スポットから国道までの平均距離は短く、奥三河の観光プロモーションが 151 号線沿道にある観光スポットに偏重しているのがわかる。このような傾向は訪れる観光客のアクセス面を考慮した当然の結果といえるが、地理空間的な偏りを排除する公平性の視点より評価するのであれば、奥三河の主要幹線から距離の遠い自然景観や体験型施設といった観光スポットのプロモーション量が今より増えることが望ましいと評価できる。

6.4 観光スポットの分布特性の計測

先にも述べたとおり、観光スポットの分布特性は主題図より視覚的にある程度判別できる。しかしながら、公共事業の評価については、主観的でなく客観的な数値情報に基づくことが望まれる[3]。そこで、ここでは観光スポットの分布特性に注目する。

図 6-17 に示すように、点分布の特徴には「密集型」と「分散型」があり、密集型は域内の一部に偏った分布で、分散型は域内での均等な分布を指す。本節では、そのような分布特性をもとにした政策評価のシナリオを検討する。図 6-17 にあるように、分布特性が密集型の場合、政策による価値配分は偏在といえる。つまり、そのような分布の特徴がみられる場合は、観光プロモーションのもたらす便益が一部

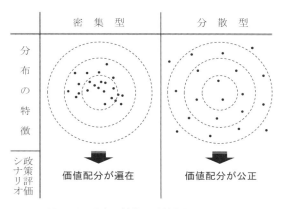

図 6-17 分布の特徴と政策評価シナリオ

第6章　観光振興の空間的な定量評価

地域に偏っていると考えられる。一方、分布特性が分散型の場合には、観光振興政策がもたらす利益や価値は地域に公正に配分される結果となる。一般的な判断に基づけば、公共事業として実施される観光プロモーション活動にみられる地理空間は、密集よりも分散であることが望ましい。

以下、モデルコースとしてプロモーションされている144件の観光スポットの奥三河での分布特性を、「最近隣距離法」と「k関数法」で計測する。

6.4.1 最近隣距離法による密集と分散

はじめに、fToolプラグインの最小近傍解析ツールを使用し、平均最近隣距離法（Average Nearest Neighbor）による観光スポットの分布特性を計測する。以下、その作業手順を示す。

・最小近傍解析ツールを用いた平均最近隣距離

図6-18のように、［ベクタ］＞［解析ツール］＞［最小近傍解析…］と進めて、最小近傍解析ウィンドウを立ち上げる。設定画面の［入力レイヤ］では、最近隣距離を計測するポイントデータを選択する。特定属性に基づく選択フィーチャのみを使用する場合は、［選択した地物のみ］にチェックを入れる。［最近傍］には「Save to File…」を選択し、保存先のファイル名を入力する。結果は、Observed mean distance（観測値）、Expected mean distance（期待値）、Nearest neighbor index（最短距離指標）、Number of points（サンプル数）、Z-scoreの5項目が、htmlファイル形式で出力される。

全144件の分布特性にくわえて、6つの内容カテゴリーそれぞれの分布特性も計測する。例えば、「食事処」に分類されているポイントデータのみ選択した後に最小近傍解析を実施すると、食事処41件の分布特性が計測できる。以上の要領で算出した観光スポットの内容別の要約が、表6-5である。点分布が密集型か分散型かの判断は、観測値と期待値から標準化された表中の「最短距離指標」に基づく。数値が1より小さい場合の分布は密集型であり、1より大きい場合は分散型と判断できる。な

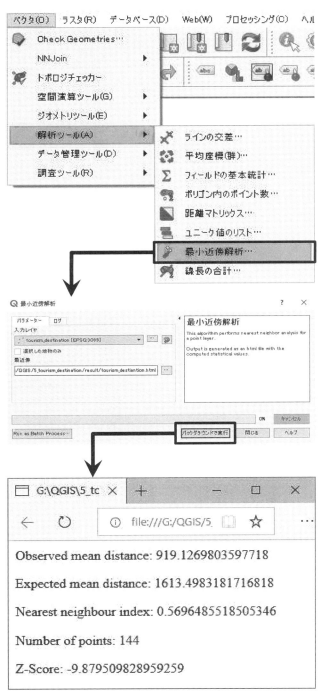

図6-18　QGISによる最近隣距離分析

お、1に近い値の場合、よりランダムな分布傾向を表す。さらに、正規分布を仮定した場合、Zスコアが-2.85より小さいか2.85より大きいと1%水準で有意な結果となり、-1.96より小さいか1.96より大

表 6-5 観光スポット内容別の最近隣距離

	観測値	期待値	最短距離指標	Z-score	N
食事処	2085.37	2296.88	0.90791	−1.13	41
宿泊＆温泉	2688.56	3617.97	0.74311	−2.06 *	18
直売所＆みやげ	3574.86	3241.71	1.10277	0.98	25
文化財	1146.53	2458.25	0.46640	−6.29 **	38
自然景観	2647.97	3011.54	0.87927	−1.40	37
体験型施設	3123.14	3222.80	0.96907	−0.31	27
144件合計	919.13	1613.50	0.56965	−9.88 **	144

＊ 信頼度95%以上，＊＊ 信頼度99%以上

図 6-19 CrimeStat ダウンロードサイト「国立司法省研究所ホームページ」

きい場合は5％水準で有意な結果となる。

表6-5の最近隣距離法による分析結果から、奥三河でプロモーションされている観光スポットは全体的な密集型であることがわかる。8割強が山地で居住可能な土地が限定的であるといった地理的特徴に鑑みても、観光スポットの分布が密集型になることはある程度予想できる。しかし、その中でも文化財はより密集型の傾向が強く、宿泊＆温泉の分布には比較的分散型の特徴が見て取れる。これらの分布特性から、奥三河の観光プロモーションによる価値配分は空間的に偏在化していると結論付けられる。そして、空間的に公正な公共投資に基づく観光振興を目指すならば、新城市内に集中する歴史的な有形文化財だけでなく、山間集落に現存する花祭りなどの無形民俗を積極的にプロモーションすることが望ましいと評価できる。

6.4.2 k関数法でみる分布特性

最近隣距離法には分析領域の設定や識別不能な分布形状などに関するいくつかの欠点があるため、それらを補うRipleyのk関数法（Ripley's K and L functions）を用いて観光スポットの分布特性を再確認する。ここではフリーソフト「CrimeStat」を用いてk関数法により点分布を解析する。CrimeStatの最新版は図6-19の国立司法省研究所のホームページよりダウンロードすることができる（https://nij.ojp.gov/topics/articles/crimestat-spatial-statistics-program-analysis-crime-incident-locations、最終アクセス：2020年6月25日）。以下にCrimeStatを使ったk関数法による空間解析の手順を示す。

・CrimeStatを用いた空間解析

図6-20の①［Data Setup］では、分布特性を分析するポイントデータに関する情報を設定する。［Select Files］をクリックしてFile Characteristics設定ウィンドウを開く。「Point shape files(.shp)」を選択し、［Browse］ボタンよりシェープファイルを選択する。［Variables］から、X、Yには経緯度の列を選択する。［Type of coordinate system］と［Data units］にはポイントデータレイヤの仕様を選択する。今回は座標系に「Longtitude, latitude (spherical)」を選択する。つぎに、図中の②［Spatial Description］では空間解析の設定を行う。［Distance Analysis I］タグを選択する。［Ripley's "K" statistic］をチェックする。［Simulation runs］と［Unit］に任意の情報を入力する。今回はシミュレーション回数を「1000」回、ユニットには「Meters」を選ぶ。設定がすべて完了したら、［Compute］をクリックする。

CrimeStatでは、分析結果のL(t)値を図6-21のようなチャートとして出力できる。点分布がランダムな場合、L(t)値はL(t) maxとL(t) minの間をとる。図の奥三河地区144件の観光スポットの分布特性に関する出力チャートでは、横軸の距離が短い段階で

となった。

特定圏域内での分布の程度に関する本分析では、観光スポットのサンプルサイズが小さいため、結果の精度に限界がみられた。そこで、さらなる広域プロモーションを対象にサンプル数の多いデータセットを用いて分析することで、観光振興政策の分布特性に関する信頼度の高い分析結果を得ることも可能だろう。また、最近隣距離法やk関数法での分布特性の指標化は、観光プロモーション政策に関する複数エリア間の比較を可能とする点でも有意義である。

6.5　まとめ－観光振興政策の再検討－

本章では、奥三河観光協議会が運営する観光案内サイトで紹介されているモデルコースを事例に、プロモーションされる観光スポットの距離や分布といった地理空間を計測した。3節では、観光資源としての特徴を踏まえつつ、近隣スポットとの連続性などから新たな周遊モデルの検討方法を実践した。その結果、観光協議会がプロモーションする現有資源を活用した周遊モデルの一例として、四谷の千枚田を中心とした山間農村の原風景観察と自然体験ツアーを例示することができた（図6-14 参照）。4節においては、分布の密集と分散に基づく政策シナリオから公共事業としての観光振興を評価する方法を模索した。そして、奥三河の観光プロモーションの空間的な偏りを明らかにし、山間部の観光資源を積極的に振興することで空間的に公正な観光振興政策になるとの示唆を得た（表6-5、図6-21 参照）。

近年、地方創生の大号令のもとで、日本版DMO（Destination Management / Marketing Organization）など地域社会が主体となる着地型観光が推奨されている。少子高齢化で衰弱し続ける地方にとって、中央からの財政支援メニューが増加するのは単純に悪い話でないだろう。しかし、公共事業として観光振興を評価するならば、「政策による価値配分の地理空間」に注目する定量的かつ客観的な分析の重要度はさらに増すことが予測される。そのため、GIS空間

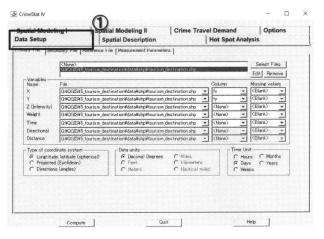

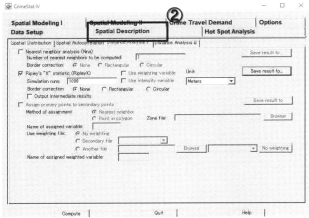

図 6-20　「CrimeStat Ⅳ」設定画面

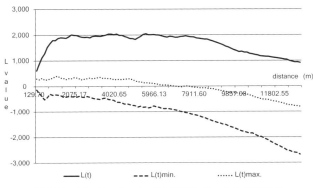

図 6-21　プロモーション済み観光スポットの分布特性

$L(t)$ 値が $L(t)$ max と $L(t)$ min の間から大きく外れることから、モデルコースを通じてプロモーションされている観光スポットの分布特性は強い密集型であることが読み取れる[4]。よって、先の最近隣距離法と同様に、地域内での受益の偏りが確認できる結果

解析による地物間の近傍関係に基づく観光ルート設計や、特定区域内における地域資源の分布特性に基づく観光プロモーションの再考は有効な分析方法となる。

　また、特定政策の過剰な重点化は、受益をめぐる地方政府間の競争を刺激する。そこでは、本章で実践した政策評価のための地理空間の数理的把握が、政策投入される知識としてだけでなく政策の論理基盤の形成に貢献する可能性も考えられる。

注

1) 観光庁報道資料（http://www.mlit.go.jp/kankocho/news02_000307.html、最終アクセス：2018年8月3日）を参照。2017年の各種確定値は、旅行・観光消費動向調査、訪日外国人消費動向調査、宿泊旅行統計調査の報道発表資料から入手した。
2) 村山（2017）では、愛知県東三河地域における観光地プロモーションの重層構造を明らかにしている。
3) EBPM（Evidence-based Policy Making）推進委員会を2017年8月に発足させ、国は証拠に基づく政策立案を推奨している。そして、そのような政策立案を可能にするため、統計等データ整備と人材育成が喫緊の課題であると述べる。EBPMの重要性は認識するものの、薬師寺（1989）のように、思想や決意といった非物理的な要因が介在し、雲を描くことに公共政策をなぞらえる論説にも注目する必要があると筆者は考える。
4) Ripley's K Statisticについて、また、CrimeStatの出力結果の見方などに関しては、国立司法省研究所が提供するワークブックのChapter 6「Distance Analysis I and II」を参考とした（https://www.nij.gov/topics/technology/maps/pages/crimestat-downloads.aspx、最終アクセス：2018年8月30日）

参考文献・資料

国土交通省観光庁報道資料「「観光立国推進基本計画」を閣議決定」
村山　徹（2017）「地方公共団体のシティプロモーションと広域連携」『立命館文學』第650号，208-222頁
薬師寺泰蔵（1989）『公共政策』東京大学出版会，10-29頁

第 2 部

応 用 編

　第1部の入門編ではQGISを用いた地域研究の基本手法を紹介した。具体的に多彩な地域のデータ、地域の歴史と文化、地域の商業と地域の観光をテーマに、空間データの処理、分析と可視化の基本手法を学んだ。

　QGISに備えた基本機能を理解し、その操作方法を習得することが第1部の目標であった。第2部の応用編では、QGIS機能にデータベースの機能を加え、より大規模かつ複雑な地域の空間データの処理方法を紹介する。

　なぜデータベース機能を加えるとQGISの能力がアップされるのか。QGIS環境に空間データベース機能を追加すると、空間データの処理と表現という、2つの「仕事」を空間データベースとQGISの間で「分業」させることができるからである。大量データ処理が得意な空間データベースは空間データの格納と分析という「仕事」を担い、一方QGISは空間データの表現という「仕事」に専念することで、システム全体の効率が向上することになる。

　また、データベースを用いた分析手法はこれまでの分析手法と大きく変わる。これまでの空間分析や主題図作成は、GISの画面操作を通してGISの既存機能を使うことでそのほとんどの目的を達成した。従って、GISの学習内容はややGISソフトウェアの使い方に偏ってしまい、分析作業もソフト機能に依存している側面があった。第2部で紹介する分析手法は、従来のGISソフトウェア機能に依存する方法に代わり、データベース言語を用いた「データとの対話型」の手法を取り入れる。

　「データとの対話型」の分析方法は、ごく単純な「対話画面」を通して分析結果が得られる。GISソフトウェアのバージョンアップによって異なるGISの操作画面や機能に気をとられることなく、ユーザは終始問題の本質に専念することができる。さらに、この手法は将来、空間解析プロセスのコーディング化、自動化と知能化につなげることができ、大きな可能性が潜んでいると言えよう。

　次の第2部は、行政の総合計画に関する施策評価と地方創生の越境連携事業の分析をテーマに、QGISとPostGISを用いた分析事例と手法を紹介する。

第7章　都心居住と土地利用の評価

7.1 研究事例の概要

7.1.1 研究の背景

日本は人口減少、少子高齢化の時代に突入した。今後長期にわたる市場需要の変化と経済規模の縮小に連れ、地域財政力の低下が予想されている。持続可能な行政サービスを維持するためには、将来人口規模に見合った都市計画やインフラ整備が求められている。

そのような背景のもと、多くの地方自治体が策定する総合計画の中に「生活拠点」の形成と拠点間の「交通ネットワーク」の構築を含んだ都市計画が作成された。次の第7章と第8章はこうした総合計画の施策効果を定量的に検証することを試みる。

7.1.2 研究の手法

本章からは空間データベースを用いた研究手法を紹介する。データベースには、データを効率的に格納、検索、共有、表示と転送するための機能を備えている。大規模かつ複雑な地域データを扱うには、こうしたデータベースの機能は欠かせない。本章はデータベース機能を活用した地域データの処理方法を紹介する。

7.1.3 主な内容と手順

図7-1は本章の主な内容と作業の手順を示す。データベースはオープンソースのPostgreSQLを使用する。PostgreSQLデータベースの空間拡張PostGISを導入し、PostGISが対応するpgSQL言語を用いて空間データと対話する。その対話はQGISの画面を通して行うことも可能であり、QGISとPostGISの連携で空間データの解析と可視化を行う。

演習事例として、愛知県豊橋市の第5次後期総合

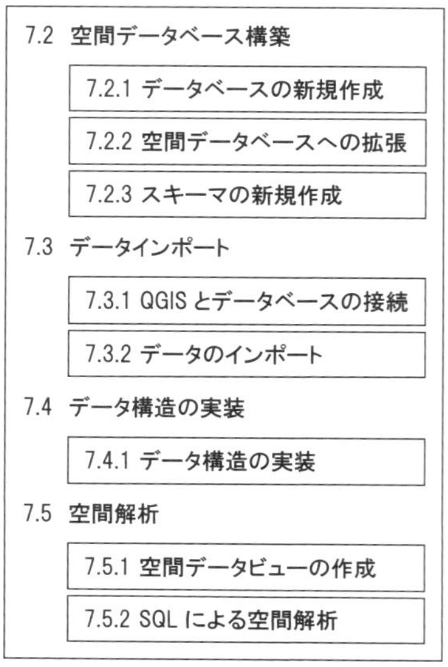

```
7.2 空間データベース構築
    7.2.1 データベースの新規作成
    7.2.2 空間データベースへの拡張
    7.2.3 スキーマの新規作成
7.3 データインポート
    7.3.1 QGISとデータベースの接続
    7.3.2 データのインポート
7.4 データ構造の実装
    7.4.1 データ構造の実装
7.5 空間解析
    7.5.1 空間データビューの作成
    7.5.2 SQLによる空間解析
```

図7-1　作業の手順

計画の都心居住（コンパクトシティ）を取り上げる。土地利用データ、住宅建物と住宅ベース人口データなどを用いて、都心居住の実態を検証する。

データベース言語SQL（Structured Query Language）の基本構文は付録3を参照してほしい。

7.1.4 データベースの基礎概念と用語

この節ではデータベースの基礎概念と用語を解説する。

(1) データベース

コンピュータにおいて、データが容易に格納と検索できるように整理されたデータの集まりを指す。通常、データベースシステムは①大量なデータが扱える、②格納や検索などを効率的に行うために必要なデータ構造を持つ、③データは多数のユーザ間で共有するために集まっている、④データ管理システムを持つ、の4つの特徴を持っている。

市販の大規模な商用データベースとして、

Oracle、MS SQL と DB2 がよく知られているが、一方、MySQL と PostgreSQL はオープンソースとしてよく使われている。マイクロソフトの MS Access は個人ベースのデータベースとして多くの人々に愛用されている。

(2) データベースの仕組み

図 7-2 は PostgreSQL のデータベースの仕組みを示す。データベースには複数のスキーマ（Schema）が含まれている。スキーマは、通常のフォルダと同じように、データの分類整理に使われる。一般的に、研究テーマごとにスキーマを作成しデータの分類管理を行う。

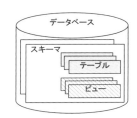

図 7-2　データベースの仕組み

スキーマの中には複数のテーブル（Table）とビュー（View）が含まれている。テーブルはデータ保存の受け皿であり、データは物理的にテーブルの中に格納される。ビューは複数のテーブルから必要な情報だけを抽出した結果である。ビューは「鏡」のように複数のテーブルからデータを「映」している。ビューの中に実データは存在しない。

(3) テーブル

データはテーブルの中に格納される。テーブルは列と行で構成されている（図 7-3）。行はレコード（Record）と呼び、列はカラム（Column）と呼ぶ。1 つのレコードは、1 つのデータセットを記述している。例えば、学生番号 = 2、学部 ID = R、氏名 = 地域花子は 1 つのデータセットである。カラムはデータセットの項目を記述している。図 7-3 においては、第 1 カラムの学生 ID は整数型（integer）で記述する。第 2 カラムの学部 ID は文字型（char）で表し、第 3 カラムの氏名は文字列（character varying）で表現する。ここではカラムごとに統一したデータ型を使うことに注意してほしい。

◢	id [PK] integer	faculty_id "char" (1)	name character varying (20)
1	1	R	地域　太郎
2	2	R	地域　花子
3	3	L	文学　太郎
4	4	L	文学　花子

図 7-3　テーブル

(4) 主キー、外部キーと関連型データベース

データベースにおいて、主キー（primary key、PK）はレコードを一意的に特定するための識別子である。図 7-3 の学生テーブルにおいては id カラムを主キー［PK］として指定している。主キーに指定したカラムにデータの欠損があってはならない。

外部キー（foreign fey、FK）は、外部のテーブルを参照するための識別子である。図 7-4 のように学生テーブルにある学部 ID（faculty_id）カラムを外部キーとして指定すると、外部の学部テーブルを参照する。例えば、地域花子さんの学部 ID = R を外部キーとして学部テーブルを参照すると、「地域政策学部」との結果が返される。

図 7-4 に示したように、主キーと外部キーを用いることにより学生テーブルと学部テーブルがつながることになる。このつながりはテーブル間の関連（relation）と呼び、このようなデータベースは関連型データベース（relational database）と呼ぶ。本書が扱う PostgreSQL データベースは関連型のデータベースである。

student

◢	id [PK] integer	faculty_id "char" (1)	name character varying (20)
1	1	R	地域　太郎
2	2	R	地域　花子
3	3	L	文学　太郎
4	4	L	文学　花子

faculty

◢	faculty_id [PK] "char" (1)	name character varying (10)
1	E	経済学部
2	L	文学部
3	R	地域政策学部

図 7-4　主キー、外部キーと関連型データベース

(5) ビュー

データベースのビューは、データベースの SQL 言語を用いたデータ検索の結果である。

図7-5は、図7-4の学生テーブルと学部テーブルを用いて作成した学生ビューを示す。ビューは、SQL言語と呼ばれるデータベースの問い合わせ言語を利用したデータベースへの問い合わせ結果である。

SQL構文

```
create view v_student as
select a.id, b.name as fuclty_name, a.name
from student as a
inner join faculty as b
on a.faculty_id = b.faculty_id
```

v_student

	id integer	fuclty_name character varying (10)	name character varying (20)
1	1	地域政策学部	地域 太郎
2	2	地域政策学部	地域 花子
3	3	文学部	文学 太郎
4	4	文学部	文学 花子

図7-5 データベースのビュー

図7-5のSQL構文を覗いてみると、その意味は大抵理解できる。学生テーブルstudent（これをaとする）からidとnameカラムを選ぶ。学部テーブルfaculty（これをbとする）からnameカラムを抽出し、抽出結果をfaculty_nameに変更する。両テーブルは、学生テーブルのfaculty_idと学部テーブルのfaculty_idが一致する条件の下で結合（inner join）を行う。この構文を実行すると下図の結果が返される。つまり、学生ビュー（v_student）は学生テーブルと学部テーブルへの問い合わせ結果であり、実データは持っていない。学生テーブルと学部テーブルにある実データが変わるとビューの表示結果も変わる。従って、ビューは「鏡」のように実データを「映」している。

（6）データ構造とデータの正規化

主キーと外部キーを用いるとテーブルの間にリレーションシップが構築される。その結果、データベースの中に集まったデータはお互い独立したものではなく、お互いにつながりをもつ系統化されたデータになる。これを「データ構造」という。

データベースを設計するときに、通常①データの重複・冗長性を排除し、②データの保守性を向上する目的で、データ構造を設ける。説明のために、もう一度学生名簿の事例を見てみる。通常、学部には数多くの学生が所属している。学生名簿には、通常、学部名称が所属学生ごとに記述される。その現象を学部名の重複と言う。また、重複している学部名は、通常は漢字で表示される。英数値と比べ漢字はより多くのデータ量を使うので、その現象をデータが冗長していると呼ぶ。このようなデータの重複・冗長性のある学生名簿データは「非正規化データ」と呼ばれる。

データの重複・冗長性を回避し、非正規化の学生名簿を正規化にするために、図7-4に示したデータ構造が提案された。そのデータ構造には次の3つの特徴がある。①学生データと学部データを分離することにより、学部名の重複を回避する。②学生テーブルにある学部IDは重複しているが、従来の漢字表示より英数値表示のデータ量が少ないのでデータ冗長性の回避につながる。③仮に学部名の変更がある場合、学部テーブルの学部名一か所だけを修正すれば図7-5の学生ビューに表示したすべての学部名を変えることになる。それは保守性の向上を意味する。

地理空間情報（第1章を参照）は空間データと属性データよって構成されている。通常、1つの空間データに複数の属性データが付随されることになる。空間データと属性データの分離は空間データ構造の特徴と言える。

7.2 空間データベース構築

この節では、PostgreSQLデータベースの管理ツールである「pgAdmin4」を用いて本演習で使用する空間データベースを構築する。Windowsのスタートボタンから［PostgreSQL9.6］＞［pgAdmin4］の順でデータベース管理ツールを開く。

7.2.1 データベースの新規作成

図7-6のようにデータベースを新規作成する。

①サーバーブラウザの［Databases］を右クリックする＞［Create］＞「Database…」の順に選ぶと、

図7-7の画面が現れる。

②［Database］＞データベース名「regional_gdb」を入力する。

③［Owner］＞デフォルトの「postgres」を選ぶ。

④［Save］ボタンを押と、図7-8に示したように「regional_gdb」を確認できる。

> **ヒント：文字フォントに要注意**
> PostgreSQLデータベース関連の名づけは、通常英数字半角、小文字を使う。漢字やひらがなを使うと文字化けの可能性がある。また、大文字を使うとSQLクエリに不都合が生じかねない。2つ以上の単語を使う場合、半角の「_（アンダーバー）」を使う。単語の間にスペース（空白）があってはいけない。

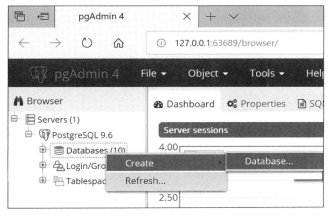

図7-6　データベースの新規作成

図7-7　データベース名の入力

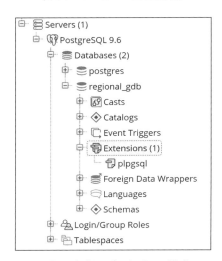

図7-8　初期のデータベース構成

7.2.2　空間データベースへの拡張

前節で完成したのは汎用データベースであり、この時点のデータベースは空間データを扱えない。次は、PostgreSQLのpgAdmin4を使って、空間データと空間解析を扱うためのPostGIS関連の拡張パッケージを読み込む（図7-9）。

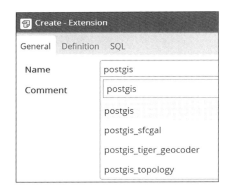

図7-9　空間拡張パッケージの読み込み

次は図7-8をみながらpostGISの空間拡張の作業を解説する。

①［regional_gdb］＞［Extensions］を開く。現時点既存の拡張ファイルとして「plpgsql」だけが確認できる（図7-8）。

②［Extensions（1）］を右クリックする＞［Create］＞［Extension…］の順で進む。

③［Name］＞「postgis」を選択する。

④［Save］ボタンを押す。

これと同様に、第8章で利用する「pgrouting」と「postgis_topology」の拡張を作成する。その結果は図7-10に示す。

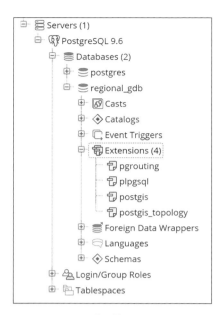

図 7-10 空間拡張のリスト

④ ［Save］を押す。完成したスキーマは図 7-11 に示す。

図 7-11 完成したスキーマ

7.2.3 スキーマの新規作成

　PostgreSQL データベースには複数のスキーマを作成することができる。緻密な定義を避けて言えば、スキーマは通常のフォルダに似ていて、データや関数などを整理するために使われるデータベースの基本構成要素である。通常のフォルダには入れ子のフォルダを作れるが、スキーマに入れ子はない。次は pgAdmin4 を使って図 7-11 に示した新規スキーマを作成する。［Schemas］を展開すると、PostgreSQL データベースの共通スキーマ［public］がすでに存在していることが確認できる。その中にはユーザ共通のテーブルや関数などが格納されている。また、前節の空間拡張で作成した postgis_topology 拡張に対応した［topology］スキーマの存在も確認できる（図 7-11）。

　共通スキーマ［public］のほか、通常研究テーマに合わせた専用スキーマの作成が勧められる。次は今回の演習に合わせ、s_regional_gis というスキーマを作成する。

　① ［Schemas］を右クリック＞「Create」＞「Schema…」の順で選ぶ。
　② ［Name］＞「s_regional_gis」を入力する。
　③ ［Owner］＞デフォルトの「Postgres」を選ぶ。

ヒント：変数ネーミングの先頭文字に要注意

　スキーマ名 s_regional_gis の先頭に小文字 s を付けた。これはスキーマであることを知らせるために明記したものである。スキーマ名やテーブル名などは、データベース問い合わせの基本要素として、頻繁に SQL コードに現れる。コードの可読性を高めるために、本書は以下表のネーミング規則を設ける。

先頭文字	意味
s_xxxxxxx	スキーマ
tb_xxxxxx	テーブル
stb_xxxxx	空間テーブル
dv_xxxxx	データビュー
sdv_xxxxx	空間データビュー

7.3 データインポート

　次は、前節で完成したデータベースと QGIS を接続させ、QGIS を経由して利用するデータソースをデータベースにインポートする。

7.3.1 使用するデータソースの紹介

　都心居住の実態を検証するために、本章の演習は

第7章　都心居住と土地利用の評価

表 7-1　データソース一覧表

データ名	データ類別	データソース名	出所
市境界	シェープファイル	city_border.shp	基盤地図情報
町字界	シェープファイル	city_town.shp	基盤地図情報
校区界	シェープファイル	schoolzone.shp	豊橋資料より自作
土地利用	シェープファイル	landusage.shp	国土数値情報
土地利用類別一覧表	テーブル	landusage_type.csv	国土数値情報
コンビニエンスストア店舗	シェープファイル	store.shp	iタウンページ
コンビニエンスストア系列一覧表	テーブル	company.csv	iタウンページ
住宅ベース人口	シェープファイル	residencial_pop.shp	自作

表 7-1 に示したデータソースを使用する。

データソースは基本的にオープンソースを利用する。校区データは豊橋市役所の資料に基づき筆者が作成した。コンビニエンスストア関連のデータ作成は第 5 章を参照する。住宅ベース人口は、ゼンリン社の建物データと国勢調査データ用いて筆者が作成した。その詳細については文献（蔣 2014）で参照できる。

7.3.2　作業環境の整備

円滑なデータ処理作業を進めるためには、作業の環境づくりが大切である。図 7-12 は本章の演習作業に利用するファイルの保存環境を示す。

図 7-12　フォルダ構成

表 7-1 に示したデータソースは、それぞれ data¥csv フォルダと data¥shape_file フォルダに分けて保存する。フォルダ data¥sql には、SQL スクリプト（テキストベースのデータベース問い合わせコード）を格納する。マップ画像ファイルは image フォルダに、中間結果は result フォルダに保存する。

QGIS プロジェクトの相対パスを保つために、QGIS プロジェクトファイル「豊橋土地利用.qgs」はフォルダ「6_ueban_residents」の直下に保存する。

7.3.3　QGIS とデータベースの接続

次に QGIS と PostGIS の接続手順を解説する。まず、QGIS を起動させる。

①ブラウザパネルの［PostGIS］を右クリック＞「New Connection…」を押す。

②図 7-13 上図の「新しい PostGIS 接続を作成する」画面で以下のパラメータを設定する。

［名前］⇒「地域研究空間データベース」を接続名として入力する。

［サービス］⇒本演習はローカル PC を使うので、この項目の記入は省略する。

［ホスト］⇒同じ PC にインストールされた PostgreSQL データベースを使うので、「localhost」を入力する。

［ポート］⇒接続ポートは「5432」と固定されている。

［データベース］⇒手順 1 で作成したデータベース「regional_gdb」と接続するので、データベース名を入力する。

③完成した画面は図 7-13 の上図に示す。次に、下図の接続画面の中央の［認証］部分に着目し、［設定］の［ベーシック］タブに切り替える。図 7-13 下図のように認証パラメータを入力する。

［ユーザ名］⇒「postgres」を入力する。

［パスワード］⇒入力する。

次に、［接続テスト］ボタンを押すと接続テストが行われ、上部に「接続に成功しました」とのメッセージが現れたら（図 7-13 下）、最後にユーザ名とパスワードを保存するためのチェック☑を入れてから「OK」ボタンを押す。

以上の手順を踏んで QGIS と PostgreSQL を接続

すると、図7-14に示したようにQGISのブラウザパネルにあるPostGIS接続口を通して、データベースの各スキーマにアクセスできる。

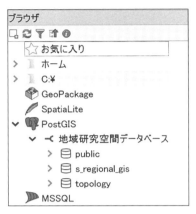

図7-14　PostGIS接続の確認

7.3.4　データインポート

ここまでの作業を経て、空間データベースとQGISの統合環境が整った。次は、表7-1に示したデータソースをデータベースにインポートする。その際、ヒントに提示したネーミング規則に従って、各々のデータソース名を表7-2のデータベーステーブル名に置き換える。

一方、データインポートなどのデータベース操作は図7-15の3つのツールを通して行われる。

図7-15の左図は「SQL Shell（psql）」ツールであり、コマンドラインベースでのデータベース操作

図7-13　QGISからPostGISを接続す

図7-15　データベースの操作ツール

表7-2　データベーステーブル名の一覧表

データ名	データ類別	データソース名	Table Name
市境界	シェープファイル	city_border.shp	stb_city_border
町字界	シェープファイル	city_town.shp	stb_city_town
校区界	シェープファイル	schoolzone.shp	stb_schoolzone
土地利用	シェープファイル	landusage.shp	stb_landusage
土地利用類別一覧表	テーブル	landusage_type.csv	tb_landusage_type
コンビニエンスストア店舗	シェープファイル	store.shp	stb_store
コンビニエンスストア系列一覧表	テーブル	company.csv	tb_company
住宅ベース人口	シェープファイル	residence_pop.shp	stb_residence_pop

が可能である。一方、PostgreSQL に標準装備した pgAdmin（中間図）と QGIS の「DB マネージャ」（右図）は、グラフィカルユーザインタフェース（GUI）を備えたツールであり、使いやすい。本節では、QGIS3.0 の「DB マネージャ」を用いたデータインポートを紹介する。しかし、「DB マネージャ」を利用する前に、まず、QGIS に「DB マネージャ」のプラグインを行う必要がある。

7.3.5 「DB マネージャ」のプラグイン

「DB マネージャ」のプラグインについて説明する。図 7-16 の上図のように QGIS メニューバーの［プラグイン］＞［プラグインの管理とインストール］の順にボタンを押すと中図のプラグイン一覧が現れる。［全てのプラグイン］＞「DB Manager」に☑を入れて画面を閉じる。そうすると、下図の QGIS メニューバーの［データベース］＞「DB マネージャ」のボタンが使えるようになる。

図 7-16 「DB マネージャ」のプラグイン

7.3.6 データインポートの主な手順

データインポート作業は以下 3 つの手順を踏んで進める。

①日本語の表示確認
データソースをレイヤパネルに追加してレイヤ属性テーブルを開き、日本語の文字化けがあるかを確認する。状況に応じて、データソースエンコーディングを設定する。

②データインポート
日本語表示を確認した後［DB マネージャ］を開き、データソースをデータベースにインポートする。

③インポート済みのデータ確認
［DB マネージャ］からインポート済みのデータにアクセスし、そのデータの情報、値のテーブルと空間形状のプレビュー（空間データのみ）を確認する。

では実際に CSV ファイル company.csv とシェープファイル city_town.shp を使い、インポート方法を解説する。

7.3.7 CSV ファイルのインポート

① QGIS のブラウザパネルに表 7-1 に示したデータソースの保存場所までたどり着く（図 7-17）。

図 7-17 ファイル選択

② CSV ファイルを選択し、レイヤパネルに追加する（図 7-18）。

③レイヤの属性テーブルを開き、日本語の表示を確認する。

④文字化けが発生した場合、［レイヤプロパティ］を開き＞［ソース］＞［データソースエンコーディング］＞「Shift_JIS」に設定し直す（図 7-19）。

⑤次に、QGIS メニューバーから［データベース］＞［DB マネージャ］＞［DB マネージャ］を開く。

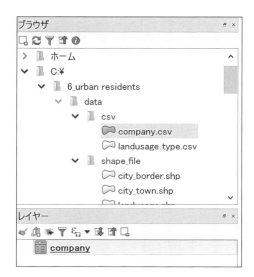

図 7-18　レイヤに追加

図 7-20　スキーマにアクセス

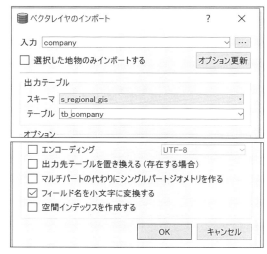

図 7-19　エンコーディングの設定

図 7-21 インポート画面

次にデータ格納先のスキーマ「s_regional_gis」を選択し、パネル上部にある下向き矢印の「import layer / file…」ボタンと押すと（図 7-20）、図 7-21 の「ベクタレイヤのインポート」が現れる。

［入力］⇒レイヤ「company」を選択しする。
［スキーマ］⇒「s_regional_gis」であること確認する。
［テーブル］⇒「tb_company」を入力する。
［フィールド名を小文字に変換する］⇒ ☑ を入れる。

　これから、SQLによるクエリを作成する場合、大文字のフィールド名は扱いしにくので、フィールド名は常に小文字に変換することを勧める。最後に「OK」ボタンを押す。

　成功すると、「インポートは成功した」とのメッセージが現れる。インポートした CSV ファイルはすぐ確認できるが、その方法は次のシェープファイルのインポートと合わせて紹介する。

7.3.8　シェープファイルのインポート

　シェープファイルのインポートは、前述の CSV ファイルとほとんど同じ手順で進めるが、最後のインポート画面に空間情報関連の情報を入力する必要がある（図 7-22）。

　① ［主キー］⇒ ☑ を入れ、QGIS 初期値の id を使う。主キーは空間地物の一意的な識別子として欠かせない。

　② ［ジオメトリカラム］⇒ ☑ を入れる。ポイント、ラインやポリゴンなど空間情報を格納するためのフィールドである。QGIS の初期値として geom を

第 7 章　都心居住と土地利用の評価

図 7-22 シェープファイルのインポート

使う。

③［変換前 SRID］⇒ ☑ を入れ、2449 を入力する。［変換後の SRID］⇒ ☑ を入れ、2449 を入力する。SRID は空間参照系（Spatial Reference System, SRS）の識別コード ID を示す整数値である。コード 2449 は JGD2000 の平面直角座標 7 系を指し、愛知県を覆うことになる。

変換前 SRID と変換後 SRID は、入力ファイルの SRID と出力ファイルの SRID を意味する。今回、両者は一致しているが、異なる場合もある。例えば、Google Map のアドレスマッチングで取得した緯度と経度は、WGS84 地理座標系を使っていたので、SRID は 4326 になっている。その緯度・経度データを JGD2000 平面直角座標系の 7 の座標データへ変換する場合、変換前 SRID の 4326 と変換後 SRID の 2449 を記述する必要がある。詳細については第 1 章の EPSG コードを参照する。

④ 大規模な空間データの検索や計算をする場合、空間インデックスの作成を勧める。計算パフォーマンスの大幅向上が期待できる。

7.3.9　インポート済みのデータ確認

QGIS の［DB マネージャ］と［ブラウザ］パネルを通してインポート済みのデータ確認ができる。［DB マネージャ］の［Tree］パネルを通して、インポートした stb_city_town と tb_company を確認できる。例えば、stb_city_town を選ぶと、右の［情報］タブにはそのデータの一般情報が表示される（図 7-23）。［テーブル］タブに切り替えるとデータテーブルが現れる（図 7-24）。さらに［プレビュー］タブに切り替えると空間データの形状を確認できる（図 7-25）。一方、QGIS のブラウザパネルには空間データしか表示されないので、stb_city_town だけが

図 7-23 「DB マネージャ」の情報確認

図 7-24 「DB マネージャ」のテーブル確認

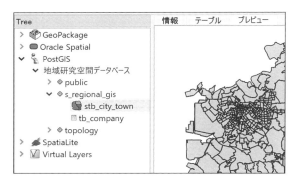

図 7-25 「DB マネージャ」のプレビュー

確認できる（図 7-26）。

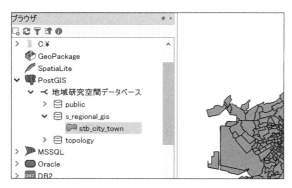

図 7-26　QGIS の「ブラウザ」パネルの確認

7.4　データ構造の実装

ここまで、空間データベースの構築に必要なデータの格納が完成した。しかし、この段階ではデータ間のつながりはまだ持っていない。このデータ間のつながりは、通常データ構造（あるいは関連）と呼ばれ、データの冗長性を避け、保守性を向上するためには欠かせない（詳細について 7.1.4 を参照）。表 7-3 はデータ構造を構築するために必要なデータ仕様、また図 7-27 はデータ間の関連を表す。こうしたデータ関連図を ER（Entity Relation）図と呼ぶ。

表 7-3　データ仕様表

Table Name	Field	Data Type	Constraints	注釈
stb_city_border	id	integer	pkey	
	geom	geometry (polygon)		
stb_city_town	id	integer	pkey	
	geom	geometry (polygon)		
	town_code	character varying		
	zone_id	integer	fkey to zone	参照先①
	name	character varying		
stb_schoolzone	id	integer	pkey	①
	geom	geometry (polygon)		
	name	character varying		
stb_landusage	id	integer	pkey	
	geom	geometry (polygon)		
	type_id	integer	fkey to type	参照先②
tb_landusage_type	type_id	integer	pkey	②
	type	character varying		
stb_store	id	integer	pkey	
	geom	geometry (point)		
	name	character varying		
	company_id	integer	fkey to company	参照先③
tb_company	comnapy_id	integer	pkey	③
	name	character varying		
stb_residence_pop	id	integer	pkey	
	geom	geometry (point)		
	floor	integer		
	hh	real		
	pop	real		

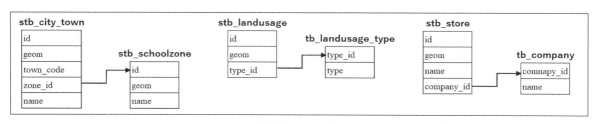

図 7-27　データ間のリレーションシップ構造

本節は、表7-3のデータ仕様と図7-27のER図に従って、データ構造の実装について解説する。

表7-3の第1列「Table Name」には、すでにインポートしたテーブルを表す。第2列「Field」は各データテーブルのフィールド名を示す。このフィールド名すべて小文字で表示されていることが確認できる。次の「Data Type」は各々のフィールドのデータ型を示す。

ジオメトリフィールド「geom」を持つテーブルは空間テーブルと呼び、そうでないテーブルは非空間テーブルと呼ぶ。識別するために、空間テーブル名の先頭文字にはstb（spatial table）を付け、非空間テーブル名の先頭文字はtb（table）を付ける。空間テーブルはQGISのブラウザパネルに表示され、レイヤパネルに追加することができる。

表7-3の「Constraints」列には、主キー（pkey）や外部キー（fkey）のフィールド制約を記述している。表7-3の「注釈」列と図7-27には、主キーと外部キーを用いたデータ間のリレーションシップ構造を示している。

次は、PostgreSQLのツールpgAdmin4を用いて、表7-3と図7-27に示したデータ構造を実装する。

7.4.1　pgAdmin4でデータベースのファイル階層を確認

まず、pgAdmin4の［Browser］を用いて、インポートしたデータ所在を確認する。図7-28の左図のように、「Servers」ディレクトリツリーから、スキーマ s_regional_gis までたどり着く。次に、s_regional_gis スキーマから Tables まで進む（中図）。最後に Table ディレクトリツリーを開くと、前節にインポートしたテーブルが見える（右図）。

7.4.2　フィールド名とデータ型の確認と変更

データテーブル company.csv を事例に、フィールド名とデータ型の変更を解説する。前節のデータインポート作業の違いによって、以下の2つのケースがある。

ケース1

CSVファイルを［DBマネージャ］を通してインポートするとき、図7-29に示したように、主キーのチェックを入れなくても、id主キーフィールドが自動的に追加される（図7-29下図）。また、データテーブル company_id のデータ型は integer と定義されているが（表7-3）、インポート後データ型は character varying になっている（図7-30の下図）。その場合の作業手順として、まず company_id フィールドを削除し、次に id フィールド名を company_id に変更する。

①図7-30のようにtb_companyテーブルを右クリック＞［Property］で［Column］にタブに切り替える。

②フィールド company_id の左側にあるごみ箱模様のアイコンボタンを押し、company_idフィール

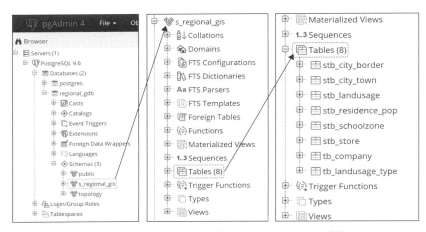

図7-28　pgAdim4から見たデータベースのファイル階層

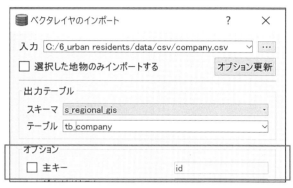

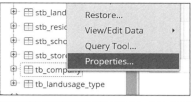

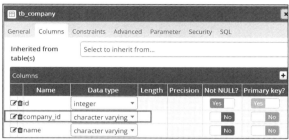

図 7-30　テーブル property を開く

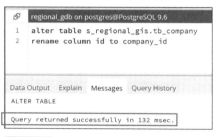

図 7-29　データソースとインポー後の比較

図 7-31　SQL クエリエディタ

ドを削除する。

③一回の作業が終わった後は必ず［Save］で変更結果を保存する。複数の作業を同時に行うとエラーが発生する可能性がある。保存後、［Property］画面は自動的に閉じるが、次の作業をする場合はもう一度［Property］を開く。

④次に、図 7-31 上図のように対象テーブル tb_company を選択し、右クリック＞［Query Tool］を押すと、図 7-31 中図の［クエリツール］が開かれる。ここに SQL クエリを入力できたら（中図）、［クエリ実行］ボタンを押すと（下図）、記入したクエリが実行される。中図のクエリツールの下部に、成功可否のメッセージが現れる。

⑤以下、一般的なフィールド名変換の SQL 構文を示す。

SQL 構文：フィールド名の変更

> **alter table** スキーマ名.テーブル名
> **rename column** 変更前のフィールド名 **to** 変更後のフィールド名

ケース 2

図 7-32 のように、［DB マネージャ］を利用する

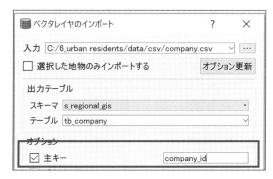

図 7-32 主キー指定の場合

際に主キーに☑を入れ、主キーフィールド名を初期値のidではなく、自らcompany_idと入力することができる。その結果、ケース1のようなidフィールドは存在せず、主キーフィールド名はcompany_idになる。しかし、この場合、図7-33に示したとおりcompany_idフィールドのデータ型はintegerではなくcharacter varyingになっている。従って、company_idフィールドのデータ型をintegerに変える必要がある。

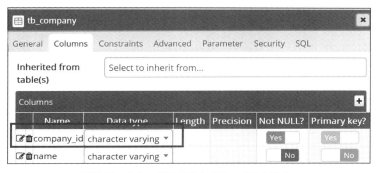

図 7-33 主キー指定の場合のテーブルカラム

前述のクエリツールの利用法を参考にし、図7-34に示したフィールドデータ型を変更する構文に従ってcompany_idフィールドのデータ型をintegerに変更する。

```
regional_gdb on postgres@PostgreSQL 9.6
1  alter table s_regional_gis.tb_company
2  alter column company_id type integer
3  using company_id::integer
```

図 7-34 フィールドデータ型の変更

SQL 構文：フィールドデータ型の変更

alter table スキーマ名．テーブル名

alter column フィールド名 **type** データ型
using フィールド名 :: データ型

7.4.3 SQL クエリコードの保存と再利用

ここまでフィールド名変更とフィールドデータ型変更のSQLクエリを記述した。こうしたSQLクエリコードを保存し再利用することを勧める。

クエリツールの保存ボタンを押し、図7-12で構築した作業環境のdata¥sqlフォルダに、それぞれalter_feild_name.sql と alter_feild_data_type.sqlの名前を付けて保存する。保存したSQLクエリコードはSQLスクリプト（SQL Script）と呼ぶ。

今後、再びフィールド名とフィールドデータ型を変更したい場合には、これらのSQLスクリプトを呼び出し、多少の修正を加えることで効率的に使うことができる。

ここまで説明したフィールドの削除、フィールド名とフィールドデータの変更方法を使って、表7-3のデータ仕様に示したフィールドを確認し、必要な修正や変更を行う。

7.4.4 主キーと外部キーの作成

テーブル間のつながりは主キーと外部キーの作成を通して実現される。主キーと外部キーの作成は、pgAdmin4を用いた方法とSQLスクリプトによる作成方法がある。次は図7-27に示したstb_city_town と stb_schoolzone関連を事例に、その作成方法を解説する。

pgAdmin4を用いた主キーと外部キーの作成

主キーと外部キーの作成に順序がある。まず、全てのテーブルの主キーを作成してから、次に外部キーを作成する。

①主キーの作成

図7-35のようにstb_city_townの主キーを作成する。テーブルの［Property］＞［Columns］タブに切り替えると、フィールドリストが現れる。フィールドidにおいて、［Primary key?］＞「Yes」同時に

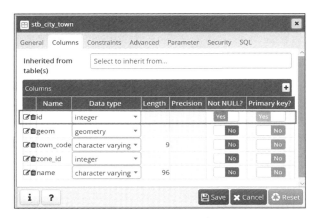

図 7-35 主キーの作成

[Not NULL?] >「Yes」を選択し、[Save] を押す。

　主キーフィールドにはデータの重複があってはいけない。そのために、必ず「Not NULL?」を「Yes」に設定する。

　なお、今回の演習では、「BDマネージャ」を用いてテーブルのインポートを行った。その際、図7-22に示したように、主キーが既に作成された可能性もあり、その場合は上述の主キー作成作業を省くことができる。

②外部キーの作成

　次に、pgAdmin4のプロパティツールに備わっているツールを使って、stb_city_townのzone_idフィールドに外部キーを作成する。

　①テーブル［Property］＞［Constraints］＞［Foreign Key］タブを選ぶ。

　②［Foreign Key］の右にある「+」追加ボタンを押して、拡大図に示した編集ボタンを押す（図7-36）。

　③下部に外部キーの設定画面が現れる（図7-37）

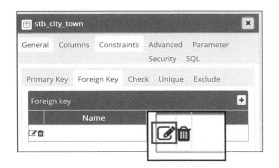

図 7-36 外部キーの作成（1）

ので、［General］＞［Name］＞「fkey_to_zone」を入力する。

図 7-37 外部キーの作成（2）

　④［Columns］タブに切り替え（図7-38）以下のように設定する。

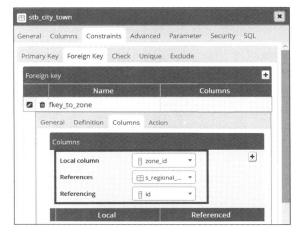

図 7-38 外部キーの作成（3）

［Local column］＞ stb_city_town のフィールド「zone_id」を選ぶ。

［References］＞参照先「s_regional_gis.stb_schoolzone」を選択する。

［Referencing］＞参照先「stb_schoolzone」の主キー「id」を選ぶ。

　以上の設定を終えて［Local column］右の［+］ボタンを押す。そうすると、図7-39の下部に以下のテーブルが現れる。テーブルのlocalフィールドとReferencedフィールドにそれぞれ値「stb_city_town」と「stb_schoolzone」を確認できる。それはstb_city_town（local側）のzone_idフィールドがstb_schoolzone（Referenced側）のidフィールドを

第 7 章　都心居住と土地利用の評価

参照していることを意味する。それを確認したうえで、［Save］を押すと、外部キーが作成される。

完成した stb_city_town の主キーと外部キーは、図 7-40 に示した「Constraints」ディレクトリツリーの下に確認できる。

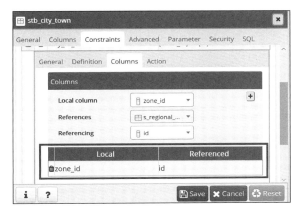

図 7-39　外部キーの作成（4）

また、pgAdmin4 のクエリツールに以下の SQL 構文で主キーと外部キーを作成できる（図 7-41）。

SQL 構文：主キーの作成

alter table スキーマ名.テーブル名
add constraint 主キー名 primary key（フィールド名）

SQL 構文：外部キーの作成

alter table スキーマ名.テーブル名
add constraint 外部キー名 foreign key（フィールド名）
references スキーマ名.テーブル名（フィールド名）

図 7-42 は、オープンソース「A5:SQL Mk-2」を用いてこれまで完成した空間データベースから生成した ER 図である。空間データベースの基礎情報として、表 7-3 のデータ仕様書、図 7-27 のリレーションシップ構造と図 7-42 のデータベース実装後の ER 図を大切に保管しておこう。また、「A5:SQL Mk-2」は松原正和氏が開発したオープンソースであり、感謝の意を表しながら、ダウンロードサイト（https://a5m2.mmatsubara.com/）を紹介する。

図 7-40　完成した主キーと外部キー

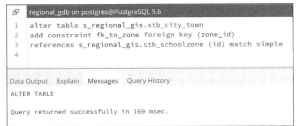

図 7-41　SQL 構文での主キーと外部キーの作成

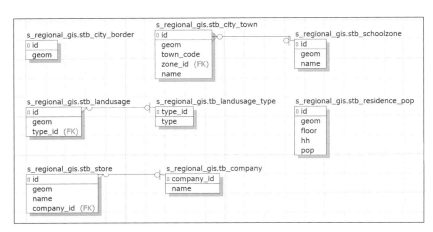

図 7-42　空間データベース実装後の ER 図

7.5 空間解析

前節では空間データベースのデータ構造が構築された。本章最後の節では、SQL を用いた空間解析の基本手法を解説する。

SQL（Structured Query Language）は、データベース定義や操作に使われる言語であり、「問い合わせ」言語と称している。PostgreSQL データベースは標準的に pgSQL（PostgreSQL Structured Query Language）を搭載しているが、GIS 関連の空間解析が含まれていない。幸い PostGIS は pgSQL をベースにした空間解析の機能を備えている。この節では、標準 pgSQL と PostGIS を用いて豊橋市の土地利用と人口分布について空間解析を行う。

7.5.1 空間データと非空間データの分離

土地利用とコンビニエンスストアのデータ構造には共通の特徴があり（図 7-43）、それは地物の空間属性と非空間属性の分離である。

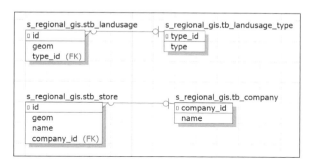

図 7-43　空間属性と非空間属性の分離

土地利用の空間情報は stb_landusage の geom（ジオメトリカラム）の中に、また土地利用の類別情報は tb_landusage_type に保存されている。

通常、1 種類の土地利用（例えば商業用地）に対して複数の該当空間エリアが存在する。つまり、tb_landusage_type と stb_landusage の間に 1 対多の関係が成り立っている。

土地利用の類別とその空間エリアを分離することで、土地利用類別データの重複が避けられる。つまり、地物の空間属性と非空間属性を分離するデータ構造は、データ冗長性の回避とデータ保守性の向上につながる。しかし、こうしたデータ構造上のメリットに対し、データ表現上のデメリットがある。GIS レイヤに stb_landusage をそのまま表現すると、レイヤ属性テーブルに表示される type_id の意味は一般ユーザにとって理解しにくい。データ構造上のメリットとデータ属性の可読性、両者を兼ね備えるのが空間データビューである。

7.5.2 空間データビューの作成

簡単に言えば、データビューは SQL の問い合わせ結果である。空間データビューは、ジオメトリフィールド geom を有するデータビューということである。

次に、図 7-43 のデータ構造を用いて、土地利用とコンビニエンスストアの空間ビューの作成手順を解説する。

① QGIS の［DB マネージャ］を開き、［PostGIS］から「s_regional_gis」スキーマ以下の任意のテーブルを選ぶ。

②「SQL ウィンドウ」のボタン（図 7-44）を押すと、図 7-45 のような SQL ウィンドウが開く。

図 7-44　SQL ウィンドウ

③ SQL ウィンドウにテーブル属性結合の SQL 構文を入力し「実行」ボタンを押すと、SQL ウィンドウの下部には、SQL 構文の実行結果が現れる（図 7-45）。

SQL 構文の解釈（stb_landusage の場合）

テーブル stb_landusage を a、テーブル tb_landusage_type を b とする。a からは id と geom を、b からは type を選択（select）する。テーブル a と b を結合（inner join）する。両者結合の条件（on）として、テーブ

第 7 章　都心居住と土地利用の評価

図 7-45　テーブル属性の結合

ル a の type_id とテーブル b の type_id を一致させる。

同様に、図 7-45 下図のコンビニエンスストア空間結合の構文を理解して空間結合の結果を確認した後、空間データビューを作成する。

④土地利用とコンビニエンスストアのデータビューは、それぞれ sdv_landusage、sdv_store と名づける。図 7-45 の SQL コードの先頭に以下の一行を追加し、実行する（図 7-46）。

土地利用：create view s_regional_gis.sdv_landusage as
コンビニエンスストア：create view s_regional_gis.sdv_store as

⑤SQL コードを実行すると、新しいデータビューが作成される。データビューは pgAdmin の［Views］の中（上図）、あるいは QGIS のブラウザパネル（中図）や［DB マネージャ］（下図）で確認できる（図 7-47）。

⑥図 7-46 の SQL スクリプトに名前を付けて保存する。

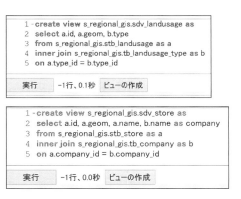

図 7-46　空間データビューの作成

図 7-47　完成した空間データビューの確認

以下は一般的なテーブル結合の SQL 構文を示す。

SQL 構文：データビューの作成

> **create view** データビュー名 **as**
> **select** *a*. フィールド名, ⋯, *b*. フィールド名, ⋯
> **from** スキーマ名 . テーブル 1 名 **as** *a*
> **inner join** スキーマ名 . テーブル 2 名 **as** *b*
> **on** *a*. フィールド名 = *b*. フィールド名

7.5.3 空間データビューを利用した主題図

完成した空間ビューを QGIS のレイヤパネルに入れると、以下の主題図を作成できる（図 7-48）。

レイヤの属性テーブルを開くと、土地利用と店舗の属性が確認できる（図 7-49）。このとき、もう一度通常のテーブルとデータビューの違いを確認することは非常に大切である。

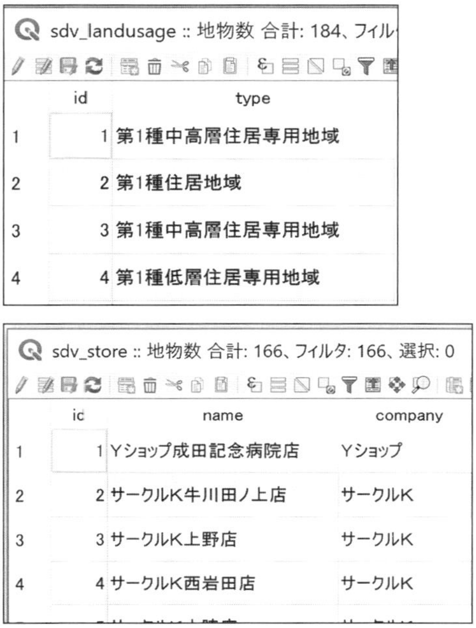

1. 図 7-49 に示したのは SQL コード（図 7-46）の実行結果である。データベースの中に図 7-49 のようなデータテーブルは存在しない。

2. データビューは常に元のデータテーブルとつながっている。例えば、1 つの土地利用類別名が変更されると、データビューに該当するすべての土地利用名がリアルタイムで変更される。

7.5.4 空間解析

次に、SQL と PostGIS を用いて、表 7-4 に示した 6 つの項目について空間解析を行う。

表 7-4 空間解析の主な内容

①	系列ごとの店舗数の集計
②	土地利用面積の集計
③	土地利用類別ごとの店舗の集計
④	土地利用類別ごとの人口集計
⑤	店舗商圏と人口の集計
⑥	店舗商圏・土地利用と人口集計

① 系列ごとの店舗数の集計

分析の目標　コンビニエンスストア系列ごとの店舗数を集計する

対象データ　sdv_store

演算子・関数　count、group by、order by ⋯ desc

コード

1	**select** *company*, **count** (*id*) **as** *number_of_stores*
2	**from** *s_regional_gis.sdv_stores*
3	**group by** *company*
4	**order by** *number_of_stores* **desc**

コード解釈：

行 1 と行 2 は、データビュー sdv_store から company と id、2 つのフィールドを選ぶ。演算子 count を用いて id の個数を数え、その結果は number_of_stores と名付ける。行 3 は演算子 group by を使い、上述の count 演算は company グループごとに行われるようにする。最後の行 4 には演算子 order by⋯desc で計算結果を number_of_stores の降

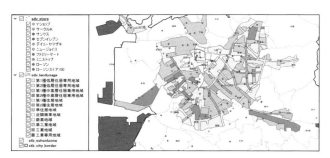

図 7-48　空間データビューを利用した主題図

図 7-49　空間データビューを利用した主題図

順で出力する。演算子 desc を省略した場合、つまり、演算子 order by のみの場合は昇順になる。

集計結果は、通常のコピーと貼り付けを使って Excel へ出力すれば、表形式の加工やグラフ作成などが可能である。表 7-5 は集計結果を示す。

表 7-5　店舗数の集計結果

company	number_of_stores
セブンイレブン	47
サークルK	45
サンクス	25
ファミリーマート	19
ローソン	16
ミニストップ	10
ローソンストア100	7
デイリーヤマザキ	2
Yショップ	1
ニュージョイス	1
合計	173

② 土地利用面積の集計

分析の目標　土地利用類別ごとの面積を集計する
対象データ　sdv_landusage
演算子・関数　sum、st_area、group by、order by … desc

コード
1　**select** *type*, **sum (st_area** (*geom*) /*1000000*) **as** *area*
2　**from** *s_regional_gis.sdv_landusage*
3　**group by** *type*
4　**order by** *area desc*

コード解釈：

テーブル sdv_landusage から type と geom を選択する（行1、2）。ジオメトリカラム geom に対し、PostGIS 関数 st_area を用いて面積を計算する。その面積の単位を平方キロメートルに変換し、結果を area と名付ける。さらに、それらの面積を土地利用類別の type ごとに足すため、演算子 sum（行1）と演算子 group by（行3）を併用した集計を行う。最後に演算子 order by … desc を用いて、集計結果を area 面積の降順に並べ替える（行4）。表 7-6 は集計結果を示す。

表 7-6　土地利用面積の集計結果

type	area(km²)
第1種住居地域	11.02
第1種中高層住居専用地域	10.85
工業専用地域	9.81
準工業地域	8.62
第1種低層住居専用地域	6.95
工業地域	4.13
近隣商業地域	3.52
第2種住居地域	2.53
商業地域	1.45
準住居地域	1.12
第2種中高層住居専用地域	1.09
第2種低層住居専用地域	0.74
合計	61.82

③ 土地利用類別ごとの店舗の集計

分析の目標　土地利用類別ごとにコンビニエンスストアの店舗数を集計する
対象データ　sdv_store、sdv_landusage
演算子・関数　select … from … inner join …、count、st_within、group by、order by

コード
1　**select** *a.company, b.type*, **count** (*a.id*) **as** *number_of_stores*
2　**from** *s_regional_gis.sdv_store* **as** *a*
3　**inner join** *s_regional_gis.sdv_landusage* **as** *b*
4　**on st_within** (*a.geom, b.geom*)

表 7-7　土地利用・店舗系列における店舗数のクロス集計

	Yショップ	サークルK	サンクス	セブンイレブン	デイリーヤマザキ	ニュージョイス	ファミリーマート	ミニストップ	ローソン	ローソンストア100	総計
近隣商業地域	1	3	2	4				2	1	1	16
工業地域		1			1			1	2		5
準工業地域		5	2	7						5	21
準住居地域		2	1	1							6
商業地域			3	2					1		9
第1種住居地域		8	4	5				1	2	3	23
第1種中高層住居専用地域		3	5	6					1		18
第2種住居地域		3	3	10			1	2			22
第2種中高層住居専用地域				1							2
第2種低層住居専用地域		1	1	1							4
総計	1	27	22	36	1		1	6	13	6	126

```
5  group by a.company, b.type
6  order by company, type
```

コード解釈：

テーブル sdv_store を a とし、sdv_landusage は b とし、両者を結合（inner join）する（行 2、3）。テーブル a と b の結合は on st_within の条件の下で行う。つまり、a の geom（店舗の座標）が b の geom（土地利用のポリゴン）に含まれることが条件になる（行 4）。そのような条件のもと、テーブル a からは company と id フィールドを選び、テーブル b からは type を選ぶ。演算子 count を用いて店舗 id の数を数える（行 1）。演算子 count は type と company の両グループ内で行い（行 5）、その結果も同じグループの順に並べ替える。表 7-7 は集計結果を表す。

④ 土地利用類別ごとの人口集計

分析の目標　土地利用類別ごとに世帯数と人口数を集計する

対象データ　sdv_landusage、stb_residence_pop

演算子・関数　select … from … inner join …、sum、st_within、group by、order by…desc

```
コード 1  select b.type, sum (a.hh) as sum_hh, sum (a.pop) as sum_pop
     2  from s_regional_gis.stb_residence_pop as a
     3  inner join s_regional_gis.sdv_landusage as b
     4  on st_within (a.geom, b.geom)
     5  group by b.type
     6  order by sum_pop desc
```

コード解釈：

主題図に住宅ベース人口を追加した（図 7-50）。

SQL 構文の構造は、前例とほぼ同じである。関数 st_within を条件に、住宅ベース人口 stb_residence_pop と土地利用 sdv_landusage を空間的に結合する（inner join）。土地利用類別ごとに世帯数 hh と人口数 pop の集計（sum）を行い、人口総数の降順で結果を並べる。表 7-8 は集計結果を示す。

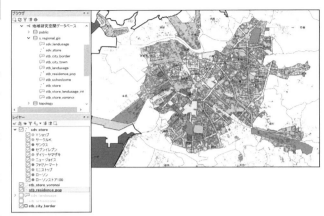

図 7-50　土地利用と住宅ベースの人口分布結果

表 7-8　土地利用ごとの人口集計結果

type	sum_hh	sum_pop
第1種中高層住居専用地域	28551	74985
第1種住居地域	25565	64732
第1種低層住居専用地域	17486	47753
準工業地域	12492	32650
近隣商業地域	8589	20850
第2種住居地域	5584	13432
工業地域	4538	11910
商業地域	4907	11613
第2種中高層住居専用地域	3029	7369
第2種低層住居専用地域	1828	4866
準住居地域	1426	4121
工業専用地域	11	13
合計	114006	294292

⑤ 商圏と人口の集計

次には、第 5 章で作成した豊橋コンビニエンスストアの商圏、つまり、店舗中心点により構成したボロノイポリゴン（Voronoi Polygon）をデータベースに入れ、商圏と人口、商圏と土地利用の関係を検証する。図 7-51 は商圏と住宅ベース人口を取り入れた主題図である。

分析の目標　系列ごとに商圏範囲内の世帯数と人口数を集計する

対象データ　stb_store_voronoi、stb_residence_pop

演算子・関数　select … from … inner join …、sum、st_within、group by、order by…desc

```
コード 1  select a.company, sum (b.pop) as sum_pop
     2  from s_regional_gis.stb_store_voronoi as a
     3  inner join s_regional_gis.stb_residence_pop as b
```

```
4  on st_within (b.geom, a.geom)
5  group by a.company
6  order by sum_pop desc
```

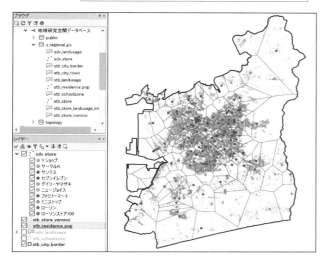

図 7-51 コンビニエンスストア商圏と住宅ベースの人口分布

コード解釈：

前例とほぼ同じコードの構造を持っている。商圏 stb_store_voronoi に住宅ベース人口 stb_residence_pop が結合（inner join）している。関数 st_within を使って商圏内の人口数を商圏系列ごと（group by）に集計（sum）し、その結果を人口総数の降順（order by … desc）で並べ替える。表 7-9 は集計結果を示す。

表 7-9　系列ごとの商圏人口集計結果

company	sum_pop
セブンイレブン	104418
サークルK	99791
サンクス	51278
ファミリーマート	42339
ローソン	33698
ミニストップ	16740
ローソンストア	14343
デイリーヤマザキ	5941
Yショップ	1534
ニュージョイス	1005
合計	371086

⑥ 商圏、土地利用と人口の集計

分析の目標　土地利用、系列と商圏範囲内の世帯数と人口数のクロス集計を行う

対象データ　stb_store_voronoi、sdv_landusage、stb_residence_pop

演算子・関数　select … from … inner join …、sum、st_within、group by、order by、st_area、st_intersection、st_intersects

```
コード1  1  select st_intersection (a.geom, b.geom)
           as geom, a.type, b.company, st_area (st_
           intersection (a.geom, b.geom))/1000000
           as area
       2  into s_regional_gis.stb_store_landusage_
           int
       3  from s_regional_gis.sdv_landusage as a
       4  inner join s_regional_gis.stb_store_
           voronoi as b
       5  on st_intersects (a.geom, b.geom)
```

```
コード2  1  select a.type, a.company, sum (b.pop) as
           sum_pop
       2  from s_regional_gis.stb_store_landusage_
           int as a
       3  inner join s_regional_gis.stb_residence_
           pop as b
       4  on st_within (b.geom, a.geom)
       5  group by type, company
       6  order by type, company
```

分析は 2 段階に分けて進める。まず、土地利用ポリゴンと商圏ポリゴンの共通部分を抽出し、その結果をテーブル stb_store_landusage_int に保存する。

次に、土地利用と商圏の共通エリアに対し、住宅ベース人口の集計を行う。

コード 1 の解釈：

まず、商圏 stb_store_voronoi と土地利用 sdv_landusage の交差部分を、関数 st_intersection を用いて抽出し、その結果をジオメトリカラム geom に格納し、同時に交差部分の面積を関数 st_area で計算する（行 1）。そのためには、商圏 stb_store_voronoi と土地利用 sdv_landusage が、両者が交差している（st_intersects）条件のもとで、空間結合（inner join）

を行う（行 3-4）。こうして抽出された交差部分の結果は、select … into の構文で新たな空間テーブル stb_store_landusage_int に出力する（行 2）。図 7-52 は、商圏と土地利用の交差部分に住宅ベース人口を加えた主題図を示す。

コード 2 の解釈：

コード 2 の SQL 構文は、本演習においてすでに数回も現れた典型的な空間集計の構文である。土地利用と商圏の交差部分 stb_store_landusage_int から土地利用類別 type と商圏系列の company を抽出し、その範囲において住宅ベース人口の stb_residence_pop のオーバーレイ集計を行う。その結果を表 7-10 にまとめた。

参考文献・資料

蒋　湧（2014）「越境地域と空間解析－行政界を跨ぐ実質地域における空間解析」『越境地域政策への視点』, 229-235 頁

Tomasz Nycz, Michal Mackiewicz, Dominik Mikiewicz (2017) "Masting PostGIS", Packt Publishing.

Regina O. Obe, Leo S. Hsu (2015) "PostGIS in Action", Manning.

図 7-52　土地利用と商圏の交差部分における住宅ベースの人口分布

表 7-10　土地利用、商圏系列と住宅ベース人口のクロス集計

商圏 土地利用	Yショップ	サークルK	サンクス	セブンイレブン	デイリーヤマザキ	ニュージョイス	ファミリーマート	ミニストップ	ローソン	ローソンストア	総計
第1種低層住居専用地域		8636	4817	16512		582	5686	3260	2157	6103	47753
第2種低層住居専用地域		1097	1078	992			619			1080	4866
第1種中高層住居専用地域		20438	15036	22465	168	286	6969	3493	3373	2758	74984
第2種中高層住居専用地域		3149	1021	2765				434			7369
第1種住居地域	781	20068	11952	16368	467		5721	1305	6971	1675	65308
第2種住居地域		2202	1855	4460	788	137	1551	1614	416	408	13432
準住居地域		2105	219	1071			725				4121
近隣商業地域	753	3719	5187	4570			3434	2562	522	103	20850
商業地域		637	2460	4085			3485		138	808	11613
準工業地域		4305	3719	12541			1610	1311	9173		32659
工業地域		1613	358	2376	1260		751	354	4704	493	11910
工業専用地域				3			1	9			13
総計	1534	67969	47702	88207	2682	1005	30553	14342	27454	13427	294877

第 8 章　歩いて暮らせるまちの検証

8.1　研究事例の概要

8.1.1　研究の背景

　人口減少、少子高齢化の傾向を見据え、将来の人口規模に見合った都市計画やインフラ整備が求められている。前章で検証した「生活拠点」の形成は、行政サービスのコストを抑え、人口規模に見合った居住の集約化を目標としている。しかし、こうした居住集約化の追求は、住民生活の利便性を犠牲にしてはいけない。生活拠点を公共交通ネットワークで結ぶことは、住民の利便性に着目したもう 1 つの目標である。豊橋市の総合計画に「歩いて暮らせるまち」の実現を目標として掲げている。本章は豊橋のバスシステムを対象に、「歩いて暮らせるまち」の実態を定量的に解析する。

8.1.2　研究の手法

　「歩いて暮らせるまち」の実態をどのように定量的に評価するか。様々な評価指標があるが、本章は「バス停を中心に徒歩 10 分圏域の人口数」を評価の指標にする。そのために、本章は PostGIS の拡張パッケージ post_topology と pgrouting を用いた道路ネットワークの分析手法を取り入れる。
　PostGIS のネットワーク分析は、主にトポロジー構築と経路分析（routing analysis）の 2 つのプロセスに分けて行われる。トポロジーの構築は、トポロジーの定義に従って、通常のライン（line）とポイント（point）のデータをトポロジー分析用のエッジ（edge）とノード（node）のデータに変換する。さらに、エッジとノードの接続関係が専用の topology スキーマに構築されることで、他のスキーマやレイヤと共有することができる。経路分析は、トポロジーデータを用いた到達範囲や最短ルートなどの空間分析を指す。

8.1.3　主な内容と手順

　図 8-1 は本章の主な内容を示す。道路ネットワークを分析するには、空間データベースの使用が必要不可欠である。そのため、2 節では前章で学んだ内容を復習しながら、データソースを空間データベースに格納しデータ構造を実装する。次の 3 節では、徒歩圏の分析に必要な一般道路、細道と施設（バス停を指す）へのアクセス道、3 つのデータソースを統合し、ジオメトリ分解を含め、トポロジー分析の基礎データを作成する。その後、4 節では空間トポロジー構築の手順、さらに 5 節ではトポロジーデータを用いた経路分析の事例を紹介する。

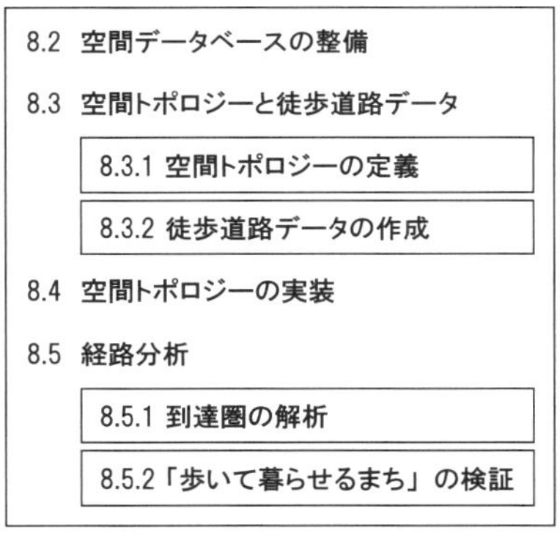

```
8.2　空間データベースの整備
8.3　空間トポロジーと徒歩道路データ
    8.3.1　空間トポロジーの定義
    8.3.2　徒歩道路データの作成
8.4　空間トポロジーの実装
8.5　経路分析
    8.5.1　到達圏の解析
    8.5.2　「歩いて暮らせるまち」の検証
```

図 8-1　本章の主な内容

8.2　空間データベースの整備

　本章の演習では、「歩いて暮らせるまち」の実態を検証するために、住宅から道路に沿って徒歩 10 分でバス停にたどり着ける人口数を求める。そのため表 8-1 に示したように豊橋市の道路とバスシステムに関するデータソースを使う。道路と細道のデータは ESRI ジャパンが提供した ArcGIS Geo Suite

2017 のデータを使い、バスとバス停のデータは豊橋市の豊鉄株式会社が公表しているバス路線図を参考に、筆者が自作した。本章の演習環境は、前章と同様、フォルダ「8_network」の下に図 8-2 の環境を作りデータソースを格納する。

表 8-1 データソース一覧表

データ名	データ類別	データソース名	出所
道路	シェープファイル	road.shp	ESRI
細道	シェープファイル	nroad.shp	ESRI
バス路線	シェープファイル	bus_line.shp	自作
バス停	シェープファイル	bus_stop.shp	自作
道路類別表	テーブル	road_type.csv	ESRI

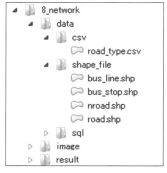

図 8-2 ファイル構成

8.2.1 データベースへのデータインポート

前章の 3 節で紹介したデータインポートの手順を踏み、表 8-2 に示した Table Name を用いて、データソース（表 8-1）をデータベースにインポートする。この章において DB マネージャを用いたデータインポートの詳細説明は省略するが、必要に応じて前章の 3 節の内容を参照してほしい。図 8-3 にはデータインポート後のデータベースの様子を表す。

表 8-2 データベーステーブル一覧

データ名	データ類別	データソース名	Table Name
道路	シェープファイル	road.shp	stb_road
細道	シェープファイル	nroad.shp	stb_nroad
バス路線	シェープファイル	bus_line	stb_bus_line
バス停	シェープファイル	bus_stop	stb_bus_stop
道路類別表	テーブル	road_type.csv	tb_road_type

```
▼ ◇ s_regional_gis
    sdv_landusage
    sdv_store
    stb_bus_line
    stb_bus_stop
    stb_city_border
    stb_city_town
    stb_landusage
    stb_nroad
    stb_residence_pop
    stb_road
    stb_schoolzone
    stb_store
    stb_store_landusage_int
    stb_store_voronoi
    tb_company
    tb_landusage_type
    tb_road_type
  > ◇ topology
```

図 8-3 データインポート後のデータベース

8.2.2 データ構造の実装

次に、表 8-3 データ仕様と図 8-4 のデータ構造に従ってデータ構造の実装を行う。

データ構造実装の詳細手順は前章の 4 節を参照する。

表 8-3 データ仕様表

Table Name	Field	Data Type	Constraints	注釈
stb_road	id	integer	pkey	
	geom	geometry (line)		
	type_id	integer	Fkey_to_type	参照先
stb_nroad	id	integer	pkey	
	geom	geometry (line)		
	type_id	integer	fkey_to_type	参照先
stb_bus_line	busline_id	integer	pkey	②
	geom	geometry (line)		
stb_bus_stop	id	integer	pkey	
	geom	geometry (point)		
	busline_id	integer	fkey_to_line	参照先
	name	character varying	pkey	
tb_road_type	type_id	integer	pkey	①
	type	character varying		

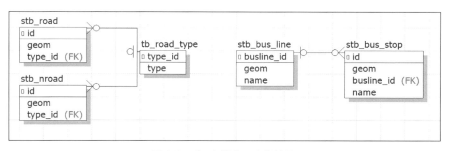

図 8-4 データ構造の実装結果

8.3 空間トポロジーと徒歩道路データ

この節では、空間トポロジーの定義を説明し、徒歩道路のデータ整備を行う。

8.3.1 空間トポロジーの定義

空間トポロジーは、ノード（Node）、エッジ（Edge）とフェイス（Face）の要素と要素間の関係（relation）により構成されている。

ノードとは、座標に定められた唯一の点（point）である。通常、ノードは独立的な点、あるいは線の端点として現れる。同じ座標に複数のノードは存在しない。

エッジとは、開始ノードと終了ノードに接続する唯一の直線（line）である。端点（開始ノード、あるいは終了ノード）が欠如した直線はエッジではない。与えられた両端点の間に2つ以上のエッジは存在しない。

フェイスとは、3つ以上の首尾端点接続しているエッジが時計回り方向で囲まれた面（polygon）である。隣接する2フェイスの境界線として、2つ以上のエッジは存在しない。

8.3.2 徒歩道路データの作成

施設から道路に沿って徒歩で一定時間内の到達可能な範囲を徒歩圏と呼ぶ。この徒歩圏を求めるためには、まず道路、細道、さらに施設（バス停）から道路へのアクセス道を含める徒歩道路のデータを整備する必要がある。図 8-5 にはこのデータ整備の手順を示す。

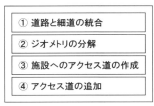

図 8-5　徒歩道路データ整備の手順

具体的に、まず道路 stb_load と細道 stb_nload を統合し、新規の徒歩道 stb_link に保存する。次に、この徒歩道 stb_link のジオメトリの分解を行い、その結果を stb_link_linestr に保存する。最後に、バス停（施設）から道路へのアクセス道を作成し、それらを徒歩道の stb_link_linestr に追加する。表 8-4 は徒歩道路 stb_link_linestr のデータ仕様を示す。

表 8-4　徒歩道のデータ仕様

Table Name	Field	Data Type	注釈
stb_link_linestr	id	integer(PK)	
	geom	geometry(linestring)	multilinestring から linestring へ変換
	type_id	integer(FK)	道路の種別は tb_road_type を参照
	facility_id	integer	バス停につなぐ道はバス停番号を記入、その他の道は-1 を記入する

① 道路と細道の統合

手順①は、道路 stb_road と細道 stb_nroad を新規の stb_link テーブルに統合する。そのために、まず、select…into…from の SQL 構文を使って道路 stb_road のデータを新規の stb_link にコピーする（SQL 構文1）。次に insert into…select…from の構文を用いて、細道 stb_nroad のデータを stb_link テーブルに追加する（SQL 構文2）。

SQL 構文1

```
1  select geom, cast (type_id as integer) as type_id
2  into s_regional_gis.stb_link
3  from s_regional_gis.stb_road
```

SQL 構文2

```
1  insert into s_regional_gis.stb_link
2  (select geom, cast (type_id as integer) as type_id
3  from s_regional_gis.stb_nroad)
```

コード解釈

SQL 構文1では、テーブル stb_road から geom と type_id の2つのフィールドを抽出し、into 構文を用いて新しい stb_link テーブルに書き込む。ここに、関数 cast（フィールド名 as データ型）を用いて、フィールドのデータ型を宣言する。SQL 構文を実行し、[DBマネージャ]を通して新規の stb_link の[一般情報]が確認できる（図 8-6 の上図）。各々のフィールドデータ型の確認、またテーブルの行数、つまり

データ数（9002）の確認を行う。

コード解釈

次の SQL 構文 2 では、細道 stb_nroad のテーブルから geom、type_id の順に、つまり、stb_link（ここに受け皿として）のフィールドと同じ順番で、データを抽出し、insert into でデータを stb_link に追加する。SQL 構文 2 実行後の［DB マネージャ］を図 8-6 の下図に示す。この時点データの数は 21675 にのぼった。

図 8-6 新規の stb_link テーブルの一般情報

② ジオメトリの分解

GIS ジオメトリのデータ型は集約型と分解型の 2 種類に分けられている。例えば、我々がよく使っているシェープファイルのジオメトリは、通常 multipoint 型、multilinestring 型、または multipolygon 型になっていて、つまり 1 つのデータに複数のポイント、ライン、あるいはポリゴンが含まれている可能性がある。こうした集約型のジオメトリは、複数の地物情報を 1 つのデータに集約されることにより、データ処理の効率が向上される原因で、頻繁に使われている。

しかし、前述の空間トポロジーの定義を踏まえてみると、集約型のデータがトポロジー分析には使えない。例えば、1 つの multilinestring 型のラインデータに複数の端点や直線が含まれる可能性があり、そのデータ構造はトポロジーのエッジの定義とは異なり、そのままではトポロジー分析に使えないことは明らかである。そのため、トポロジー分析の際に利用する集約型のデータソースをジオメトリ分解する必要がある。具体的に、multipoint 型を point 型に、multilinestring 型を linestring 型に、multipolygon 型を polygon 型に分解する。

SQL 構文 3

1　**select** (**st_dump** (geom)).geom as *geom, type_id*
2　**into** *s_regional_gis.stb_link_linestr*
3　**from** *s_regional_gis.stb_link*

コード解釈

SQL 構文 3 では関数 st_dump を用いてジオメトリ分解を行う。分解した linestring 型のジオメトリカラム geom、並びに徒歩道の類別 type_id を抽出し、新たに stb_link_linestr テーブルに書き出す。

図 8-7 の上図はジオメトリ分解前の stb_link の属性テーブルを示しているが、geom の型が multilinestring 型であることが確認できる。図 8-7 下図は、ジオメトリ分解後の stb_link_linestr テーブルを表し、ジオメトリ型は linestring に分解されたことが確認できる。

また、SQL 構文 2 の実行後、stb_link のデータ数は 21675 であったが、SQL 構文 3 を実行すると stb_link_linestr のデータ数は 21723 にのぼる。従って、

一部の multilinestring 型のデータが複数の linestring 型のデータに分解されたことが窺える。

図 8-7 ジオメトリの分解

③ 施設へのアクセス道の作成

次の手順③として、施設へのアクセス道を作成する。本演習において、施設は市内の全てのバス停を指す。図 8-8 の上図には、豊橋「西駅前」バス停が示されているが、このバス停の位置は道路に接していないことが確認できる。下図は、バス停を中心に半径 100 m の範囲に道路と接するアクセス道を構築した後の様子を示す。

下記の SQL 構文 4 は、バス停を中心に半径 100 m の範囲内アクセス道を作成するコードを記述している。

SQL 構文 4

1	**select st_shortestline** (*a.geom*, *b.geom*) *as geom*, *a.id as facility_id*
2	**into** *s_regional_gis.stb_facility_link*
3	**from** *s_regional_gis.stb_bus_stop* **as** *a*
4	**inner join** *s_regional_gis.stb_link_linestr* **as** *b*
5	**on st_dwithin** (*b.geom*, *a.geom*, *100*)
6	**order by** *a.id*

コード解釈

バス停テーブル stb_bus_stop と道路テーブル stb_link_linestr を空間結合し（行 3、4）、その空間結合はバス停を中心に半径 100 m の範囲内、つまり、関数 st_dwithin () の条件のもとで行われる（行 5）。関数 st_dwithin（ジオメトリ 1、ジオメトリ 2、半径）は、ジオメトリ 2 を中心に、半径 m の範囲に含まれるジオメトリ 1 を意味する。結合した両テーブルから、バス停の id とバス停から道路への最短直線経路（shortestline）を抽出する（行 1）。関数 st_shortestline（ジオメトリ 1、ジオメトリ 2）は、点とライン、あるいは点と面の最短直線経路を作成できる。最後に、それらの結果をバス停 id の順番に（行 6）、テーブル stb_facility_link へ書き出す。その結果は図 8-8 の下図に確認できる。

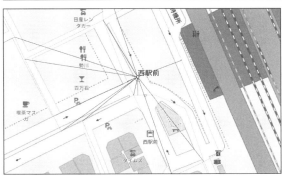

図 8-8 施設（バス停）へのアクセス道（西駅前）

④ 施設アクセス道の追加

完成した施設へのアクセス道 stb_facility_link を道路 stb_link_linestr テーブルに追加する。表 8-4 に

示した徒歩道路のデータ仕様に従って、type_id と facility_id フィールドの作成するために下記の SQL 構文を記述し実行する。

SQL 構文 5

> **alter table** *s_regional_gis.stb_link_linestr* **add column** *facility_id integer*

SQL 構文 6

> **update** *s_regional_gis.stb_link_linestr* **set** *facility_id = -1*

SQL 構文 7

> **alter table** *s_regional_gis.stb_facility_link* **add column** *type_id integer*

SQL 構文 8

> **update** *s_regional_gis.stb_facility_link* **set** *type_id = 50*

SQL 構文 9

> 1　**insert into** *s_regional_gis.stb_link_linestr*
> 2　(**select** *geom, type_id, facility_id*
> 3　**from** *s_regional_gis.stb_facility_link*)

コード解釈

SQL 構文 5、6 は、stb_link_linestr テーブルに facility_id フィールドを追加し、バス停に接していない道路には値に -1 を与える。次に、SQL 構文 7、8 は、テーブル stb_facility_link に道路類別の type_id フィールドを追加し、アクセス道には値 50 を設定する。最後の SQL 構文 9 において、完成したアクセス道 stb_facility_link を既存の道路テーブル stb_link_linestr に追加する。

これにより道路、細道とバス停へのアクセス道のデータを stb_link_linestr に入れたが、id フィールドはまだ作成していない。最後にすべてのデータに対し連番の数値を用いて id フィールドの値を振る。そのためには、まず、現段階の stb_link_linestr を QGIS レイヤパネルに入れ、次に［DB マネージャ］を用いてもう一度 stb_link_linestr をデータベースにインポートする（図 7-22 を参照のこと）。その際、主キーにチェックを入れ、右の欄に id を記入する。テーブル名は一時的な名前を記入する。インポート

完成後、以前の stb_link_linestr テーブルを削除し、新たにインポートしたテーブル名を stb_link_linestr に変更する。

完成した徒歩道の主題図を図 8-9 に示す。これより、次のトポロジー分析に必要な基礎データが整備された。

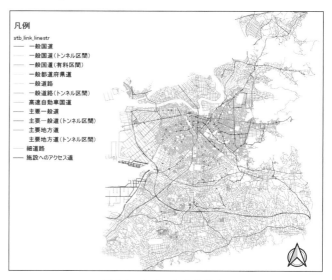

図 8-9　完成した徒歩道路

8.4　空間トポロジーの実装

8.4.1　トポロジー構造の確認

PostGIS のトポロジーには、目的に応じて複数のトポロジーを構築することができる。例えば、バス停とバス路線のトポロジーや企業と取引関係のトポロジーなど研究テーマ別に専用のトポロジーを作成することができる。ここで、こうしたテーマ別専用のトポロジーを「テーマトポロジー」と呼ぶ。

PostgreSQL データベースにおいて、各々のテーマトポロジーは別々の専用スキーマに格納されている。その意味で、PostGIS のトポロジーは分散型の構造を持ち、トポロジー分析の情報は、通常、スキーマを越えて広範囲で参照しあう特徴がある（図 8-10）。そのためトポロジーを構築しながらその構造を確認することは大切である。

第 7 章の 2 節において空間データベースへの拡張

```
Schemas
    topology
    thema_topology1
    thema_topology2
    thema_topology3
    s_regional_gis
```

図 8-10　分散型トポロジー構造

を行った。具体的に、PostGIS 関連の 3 つの拡張パッケージ postgis、postgis_topology と pgrouting をインストールした（図 7-10 を参照のこと）。その中で、拡張パッケージ postgis_topology をインストールすると自動的に topology スキーマが作成される。この topology スキーマはすべてのテーマトポロジーを管理するための中核であり、図 8-11 は topology スキーマの内部構造を示す。

図 8-11 に示したように、topology スキーマには topology テーブルと layer テーブルが備わっている。topology テーブルはテーマトポロジーの id、名前、空間参照と精度などの情報を登録するために使われる。layer テーブルはトポロジー分析用の元データ、例えば、図 8-9 で完成した徒歩道路のデータ stb_link_linestr を登録するために使われる。Topology テーブルと layer テーブルへの情報登録は、トポロジー構築の過程で自動的に行われる。ユーザーが無意識のうちに行ったトポロジー情報の伝達経路を理解することは大切である。

8.4.2　トポロジーの新規作成

この項では、本演習専用のテーマトポロジー my_road_topology を作成する。下記の SQL 構文 10 を入力し実行すると、新たなスキーマ my_road_topology が現れる。

SQL 構文 10

```
1  select topology.CreateTopology ('my_road_topology', 2449, 0.0028, false)
```

コード解釈

トポロジー関数 topology.CreateTopology を用いてテーマトポロジーを作成する。関数には 4 つのパラメータがある。1 つ目はテーマトポロジーの名前、2 つ目は空間参照系の SRID、3 つ目は精度の許容範囲であり、4 つ目は縦軸（z 軸）の設置可否を表す。今回は、my_road_topology というテーマトポロジーを作成し、その空間参照 ID は 2449（JGD2000 平面直角座標 7 系）、許容精度は 0.0028（つまり、この範囲以内の地物は自動的につながっている）、縦軸は設置しない、つまり 2D の平面 GIS を作成する。

SQL 構文を実行すると図 8-12 の上図に示したように成功のメッセージが現れ、同時に新しいスキーマが確認できる（図 8-12 の下図）。

この時点で、topology スキーマにある topology テーブルの中に、新規の my_road_topology に関する情報が自動的に登録される（図 8-13）。

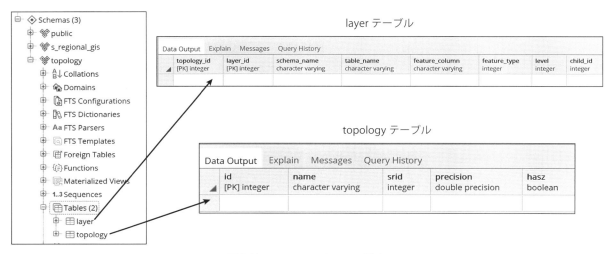

図 8-11　topology スキーマの構造

図 8-12　新規 my_road_topology の作成

図 8-13　新規 my_road_topology の登録

次に、新規の my_road_topology スキーマの内部にアクセスしその構造を確認する（図 8-14）。新たに 4 つのテーブル、edge_data、face、node と relation が備えられ、エッジやエッジの両端点（始点と終点）などを含めた道路つながりの情報を格納する。現時点では、4 つのテーブルには何も格納していない。次に、トポロジー分析用の対象 stb_link_linestr を用

いて、道路の空間情報をトポロジーとつなぐ情報、つまり、エッジとノードをつなぐ情報に変換し、その結果をこの 4 つのテーブルに保存する。

8.4.3　トポロジージオメトリカラムを追加

徒歩道路 stb_link_linestr は geom ジオメトリカラムの中に道路の位置情報は持っているが、道路間をつなぐ情報は持っていない。つまり、道路の終点とつながる次の道路の情報は持ってない。このような通常の geom ジオメトリカラムはネットワーク分析のニーズに応えられない。ここで、徒歩道路 stb_link_linestr の中に、新たにトポロジージオメトリカラム topogeom を追加し、スキーマ my_road_topology との接続情報を記述する。

SQL 構文 11

| 1 | select topology.AddTopoGeometryColumn ('my_road_topology', 's_regional_gis', 'stb_link_linestr', 'topogeom', 'line') |

コード解釈

ここに関数 topology.AddTopoGeometryColumn が使われる。関数には①対象テーマトポロジー名、②対象スキーマ名、③対象テーブル名、④トポロジージオメトリカラム名（慣例として topogeom を使用）、⑤ジオメトリの型（point、line と polygon の中から 1 つを指定する）、5 つのパラメータがある。SQL 構文は文字列のスクリプトであり、すべてのパラメータをシングルクォーテーションで囲んでいることに注意する。

SQL 構文 11 を実行すると、図 8-15 に示したようにテーブル stp_link_linestr にトポロジージオメトリ

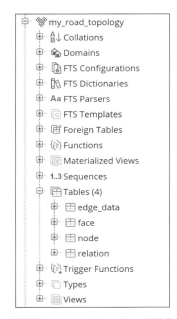

図 8-14　my_road_topology の構造

図 8-15　トポロジージオメトリカラムの追加

	topology_id [PK] integer	layer_id [PK] integer	schema_name character varying	table_name character varying	feature_column character varying	feature_type integer	level integer	child_id integer
1	1	1	s_regional_gis	stb_link_linestr	topogeom	2	0	[null]

図 8-16 トポロジージオメトリカラムの登録

カラム topogeom が追加される。また、この時点で topology スキーマの layer テーブルに図 8-16 に示した情報が登録される。

8.4.4 geom から topogeom へのデータ移入

前項において、スキーマ my_road_topology とテーブル stb_link_linestr に topogeom を追加したが、現段階いずれもデータのない状態になっている。この項では、SQL 構文 12 を使って、既存のジオメトリ geom から my_road_topology と topogeom へデータを移入 (populate) する。すでに説明したように、geom は空間情報しか持っていないので SQL 構文 12 を使用し geom に基づいてエッジをつなぐ情報を抽出し、それらの情報を新規の topogeom と my_road_topology スキーマに格納する。その意味で、SQL 構文 12 の計算は、トポロジー構築に向けた最も重要な計算である。

SQL 構文 12

```
1  update s_regional_gis.stb_link_linestr set topogeom =
   topology. toTopoGeom (geom, 'my_road_topology', 1,
   0.00028)
```

コード解釈

データの移入は、データ更新の SQL 構文が使われ、値の設定に関数 topology.toTopoGeom () を用いる。関数には 4 つのパラメータがあり、1 つ目は既存のジオメトリ geom、2 つ目はテーマトポロジー名 my_road_topology、3 つ目は topology テーブルに登録した topology_id であり、ここは 1 になる (図 8-16)。最後のパラメータは許容精度である。

本演習で扱った豊橋市の徒歩道路には 24216 個のデータがある。計算は i7CPU、24GB メモリと SSD のハイスペック PC を利用したが、データ移入の計算に約 17 分かかった。

データ移入の結果は、my_road_topology スキーマの edge、edge_data と node テーブルで確認できる。また、topogeom カラムに 4 桁の配列が記入されていることが確認できる (図 8-17)。この 4 つの要素は、それぞれ topology_id、layer_id、edge_id とジオメトリ型の番号となっている。つまり、my_road_topology スキーマとの関連情報が記載されている。図 8-18 は my_road_topology スキーマのエッジとノードテーブルを表す。

	geom geometry	type_id integer	facility_id integer	topogeom topogeometry
1	010200002...	31	-1	(1,1,1,2)
2	010200002...	30	-1	(1,1,2,2)
3	010200002...	30	-1	(1,1,310,2)
4	010200002...	10	-1	(1,1,311,2)
5	010200002...	30	-1	(1,1,312,2)
6	010200002...	30	-1	(1,1,313,2)

図 8-17 topogeom へのデータ移入

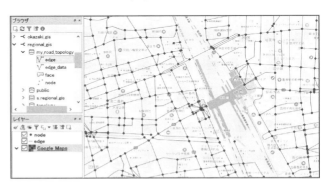

図 8-18 完成した徒歩道路のトポロジーエッジとノード

8.5 経路分析

前節で作成した徒歩道路のトポロジーエッジデータと PostGIS の拡張パッケージ pgrouting を

使って経路分析を行う。経路分析は図 8-19 のように 4 つの段階を分けて行う。まず、エッジデータにエッジの長さとエッジ通過に必要な時間を計算し、その長さと時間をエッジコストと呼ぶ。次に、一定時間内に含まれる経路のエッジを求める。最後に一定の時間内に到達するエッジの端点を用いて到達圏を求め、この到達圏に含む人口数を推計する。

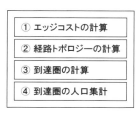

図 8-19　経路分析の手順

8.5.1　エッジコストの計算

次は my_road_topology にある edge_data を対象に、エッジコストと経路トポロジーを計算する。そのため図 8-20 のようにテーブル edge_data のプロパティを開き、length、minutes、source、target4 つのフィールドを追加し、それぞれ real、real、integer、integer のデータタイプを設定する（図 8-20）。

Name	Data type	Length	Precision	Not NULL?	Primary key?
edge_id	integer			Yes	Yes
start_node	integer			Yes	No
end_node	integer			Yes	No
next_left_edge	integer			Yes	No
abs_next_left_edge	integer			Yes	No
next_right_edge	integer			Yes	No
abs_next_right_edge	integer			Yes	No
left_face	integer			Yes	No
right_face	integer			Yes	No
geom	geometry			No	No
length	real			No	No
minutes	real			No	No
source	integer			No	No
target	integer			No	No

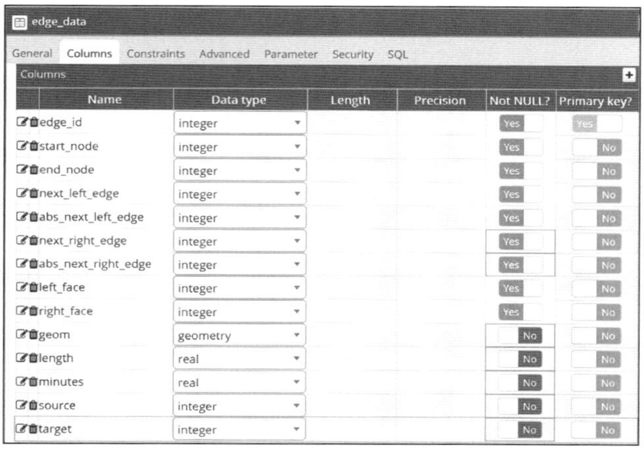

図 8-20　エッジデータのコストと経路トポロジー計算

SQL 構文 13 は、関数 st_length () を用いてエッジの長さを計算し、フィールド length に格納する。

SQL 構文 13

```
update my_road_topology.edge_data
set length = st_length (geom )
```

SQL 構文 14 は、時速 4 キロの徒歩速度においてエッジの通過時間（分単位）を計算し、フィールド minutes に格納する。

SQL 構文 14

```
update my_road_topology.edge_data
set minutes = 3 * st_length (geom) / 200
```

8.5.2　経路トポロジーの計算

この項では、edge_data を対象に、エッジごとに両端点を計算し、それぞれ source と target フィールドに格納する。ここでは、経路のトポロジー計算と前章のトポロジー構築が異なっていることに要注意である。

SQL 構文 15

```
select pgr_createTopology
('my_road_topology.edge_data',0.000001, 'geom', 'edge_id', 'source', 'target' )
```

コード解釈

経路トポロジーの計算は、SQL 構文 15 に示したとおり、関数 pgr_createTopology () を用いて行われる。ここには 6 つのパラメータがあり、それぞれは以下のように設定する。1 つ目は対象のエッジデータであり、スキーマ名を含めて my_road_topology.edge_data を入力する。2 つ目は許容精度であり、3 つ目は既存のジオメトリ geom である。4 つ目はエッジデータテーブルの主キーフィールドであり、本演習は edge_data テーブルの主キー edge_id になる。最後の 5 つ目と 6 つ目は、エッジの始端と終端を指し、それぞれ source と target を入力する。6 つのパラメータを入力する際、文字パラメータの両端にシングルコォーテーションが欠かせないことに注意する。図 8-21 にはその計算結果を示す。

t_edge	left_face	right_face	geom	length	minutes	source	target
integer	integer	integer	geometry	real	real	integer	integer
1	0	0	010200002...	113.054	1.69581	17794	17795
319	3741	7	010200002...	37.5421	0.563131	19923	19924
343	8	3742	010200002...	105.437	1.58156	19927	17894
478	3666	2769	010200002...	45.7217	0.685825	19787	19790
506	3625	3650	010200002...	48.7087	0.73063	19754	19749

図 8-21　エッジデータのコストと経路トポロジーの計算結果

8.5.3　到達圏の計算

これまで構築したトポロジーデータを用いて、バス停から徒歩 10 分の到達圏を求める。この項は、豊橋西駅前のバス停を事例に、計算方法を解説する。計算するためには、豊橋西駅前と接続するエッジの source フィールドを確認する必要がある。図 8-22 では、テーブル edge_data の source フィールドを QGIS にラベリングすると、豊橋西駅前とつながる source 番号が 9715 番と確認できる。次に SQL 構文 16 で、source 9715 番のスタートノードから 10 分までのエッジを抽出する（図 8-23 の上図）。

SQL 構文 16

1	**select** * **from**
2	**pgr_drivingDistance**
3	('select edge_id as id, source, target, minutes as cost
4	from my_road_topology.edge_data', 9715, 10)

図 8-22　西駅前バス停に接続するエッジの source フィールドの確認

図 8-23 上図に示した結果を通常のコピー、貼り付けの方法で外部の CSV ファイルに保存し、その後 tb_west_gate_10minutes のテーブル名で、my_road_topology スキーマにインポートする（図 8-23

図 8-23　豊橋西駅前バス停から徒歩 10 分範囲内のエッジ抽出

の下図）。

この時点でテーブル tb_west_gate_10minutes の主キー edge フィールドの型は文字となっているので、整数の integer に変更する（SQL 構文 17）。

SQL 構文 17

1	**alter table** *my_road_topology.tb_west_gate_10minutes*
2	**alter column** *edge* **type** *integer*
3	**using** *edge::integer*

次に、テーブル tb_west_gate_10minutes とテーブル edge_data を結合し、抽出した 10 分徒歩圏のエッジデータのジオメトリコラムを追加し、新規テーブル stb_west_gate_10minutes に出力する（SQL 構文 18）。

SQL 構文 18

1	**select** *a.geom, b.**
2	**into** *my_road_topology.stb_west_gate_10minutes*
3	**from** *my_road_topology.edge_data* **as** *a*

```
4   inner join my_road_topology.tb_west_gate_10minutes as b
5   on a.edge_id = b.edge
```

コード解釈

トポロジーエッジデータ my_road_topology.edge_data を a とし、徒歩 10 分到達圏のエッジテーブル tb_west_gate_10minutes を b とし、両者のエッジ ID が一致する条件の下で結合する。テーブル a からはジオメトリの geom を、テーブル b からはすべてのフィールドを選び、その結果を新規の stb_west_gate_10minutes テーブルに書き込む。

図 8-24 は豊橋西駅前バス停から徒歩 10 分と 20 分到達圏のエッジを示す。さらに、SQL 構文 19 を用いて到達圏のポリゴンを算出し、その結果を図 8-25 に示す。

SQL 構文 19

```
1  create table my_road_topology.stb_west_gate_10
   minutes_polygon as
2  select pgr_pointsAsPolygon (
3  'select b.id :: int4, st_x (b.the_geom) as x, st_y (b.the_
   geom) as y
4  from (select * from my_road_topology.tb_west_gate_
   10minutes) as a
5  left outer join my_road_topology.edge_data_vertices_
   pgr as b
6  on a.node = b.id')
```

図 8-24 豊橋西駅前バス停から徒歩 10 分と 20 分到達圏のエッジ

図 8-25 豊橋西駅前バス停から徒歩 10 分と 20 分到達圏の範囲

コード解釈

関数 pgr_pointsAsPolygon () を用いると、到達圏のすべてのエッジ端点を覆う最小にポリゴンが得られる。徒歩 10 分到達圏テーブル tb_west_gate_10minutes を a とし（行 4）、トポロジーデータ edge_data_vertices_pgr を b とし（行 5）、両者のノード ID が一致する条件の下で結合する（行 6）。テーブル b から id とジオメトリ the_geom を抽出し、st_x () と st_y () の関数を用いて、the_geom ジオメトリの座標 x と y を求める（行 3）。それらの結果を新規テーブル stb_west_gate_10minutes_polygon に書き込む（行 1）。

8.5.4 到達圏の人口集計

この項では、図 8-25 の到達圏と住宅ベース人口を空間結合し、人口集計を行う。そのためには、まず前項で求めた徒歩 10 分と 20 分の到達圏を 1 つのポリゴンファイルにまとめ、次に人口集計を行う。

以下の SQL 構文 20 〜 24 を実行すると、前項で作成した 2 つの到達圏が新規に stb_west_gate_walkarea テーブルに統合される。

SQL 構文 20

```
1  select pgr_pointsaspolygon as geom
2  into my_road_topology.stb_west_gate_walkarea
3  from my_road_topology.stb_west_gate_10minutes_
   polygon
```

SQL 構文 21

```
insert into my_road_topology.stb_west_gate_walkarea
(select pgr_pointsaspolygon as geom
from my_road_topology.stb_west_gate_20minutes_
polygon)
```

SQL 構文 22

```
alter table my_road_topology.stb_west_gate_walkarea
add column hh float
```

SQL 構文 23

```
alter table my_road_topology.stb_west_gate_walkarea
add column pop float
```

コード解釈

SQL 構文 20 では、徒歩 10 分到達圏 stb_west_gate_10minutes_polygon のジオメトリを抽出し、新規の stb_west_gate_walkarea テーブルに書き込む。次の SQL 構文 21 は、徒歩 20 分到達圏のジオメトリを抽出し、テーブル stb_west_gate_walkarea に追加する。続いで SQL 構文 22 と 23 はそれぞれ世帯数 hh のフィールドと人口数 pop のフィールドを追加する。

この時点において、テーブル stb_west_gate_walkarea には主キーと空間参照系はまだ設置されていない。主キーと参照系を設置するために、テーブル stb_west_gate_walkarea を QGIS のレイヤに追加する。そうすると図 8-26 上図の座標参照系の選択画面が現れる。フィルターに「2449」を入力すると、下部に「JDG2000/Japan Plane Rectangular CS VII」の参照系が現れ、それを選択し、［OK］ボタンを押すと、テーブル stb_west_gate_walkarea がレイヤに表示される。

次に、［DB マネージャ］を開き、図 8-26 の下図のように、テーブル stb_west_gate_walkare をインポートし、主キー、ジオメトリカラム、変換前後の SRID などをチェックし、新規のテーブル名を stb_west_gate_walkarea_polygon でデータベースにインポートする。

図 8-27 の上図は、統合後の到達圏テーブル stb_west_gate_walkarea_polygon の属性テーブルを示す。次の SQL 構文 24 ～ 25 を実行すると、徒歩圏ごとの世帯数と人口数が更新される（図 8-27 下図）。

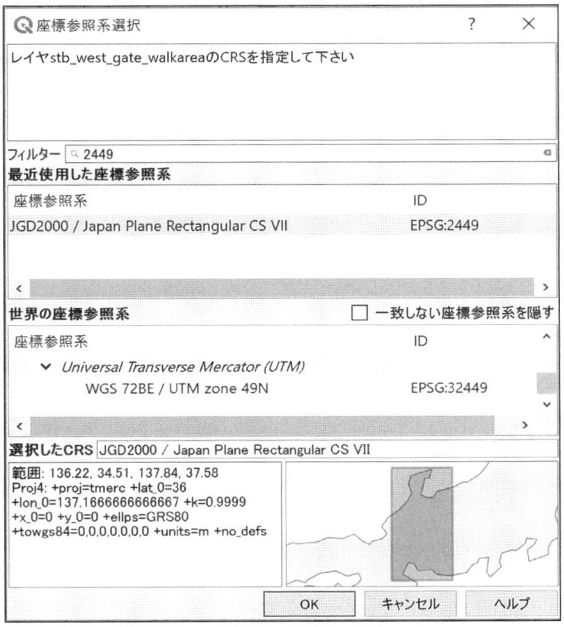

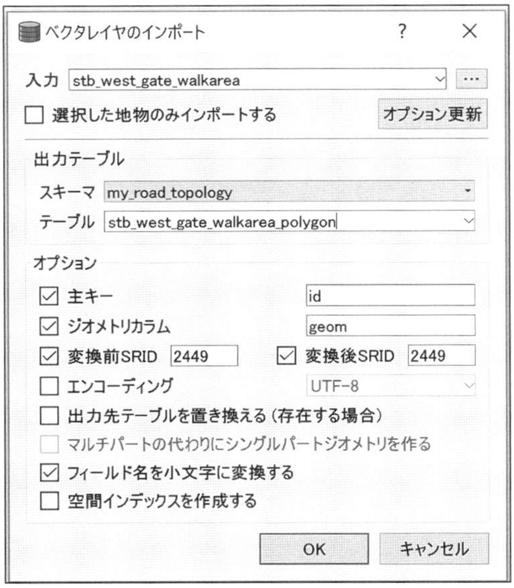

図 8-26　徒歩 10 分と 20 分到達圏の統合

	id	geom	hh	pop
	1	POLYGON	NULL	NULL
	2	POLYGON	NULL	NULL

	id	geom	hh	pop
1	2	POLYGON	972	14956.35058593...
2	1	POLYGON	972	2331.286621093...

図 8-27　徒歩到達圏ごとの世帯数と人口数の集計

SQL 構文 24

```
1  update my_road_topology.stb_west_gate_walkarea_
   polygon
2  set hh= aa.hh
3  from (
4  select b.id, sum (a.hh) as hh, sum (a.pop) as pop
5  from s_regional_gis.stb_residence_pop as a
6  inner join my_road_topology.stb_west_gate_walkarea_
   polygon as b
7  on st_within (a.geom, b.geom)
8  group by b.id)
9  as aa
```

SQL 構文 25

```
1  update my_road_topology.stb_west_gate_walkarea_
   polygon
2  set pop = aa.pop
3  from (
4  select b.id, sum (a.hh) as hh, sum (a.pop) as pop
5  from s_regional_gis.stb_residence_pop as a
6  inner join my_road_topology.stb_west_gate_walkarea_
   polygon as b
7  on st_within (a.geom, b.geom)
8  group by b.id)
9  as aa
```

コード解釈

これは複合 SQL 構文として、外側は通常の更新構文 update…set field name=value であり、内側は通常の選択構文 select… from…inner join…on 条件 group by フィールド名である。両 SQL 構文が入れ子構造で構成されていて、複合 SQL 構文と呼ぶ。こうした複合 SQL 構文のコードは外側から内側へ読むとわかりやすくなる。

まず、行1、2は、通常の更新構文であり、テーブル stb_west_gate_walkarea_polygon の hh フィールドを更新する。

次に、更新の値 aa.hh について、行4、8に進む。住宅ベース人口テーブル stb_residence_pop を a に、徒歩到達圏のテーブル stb_west_gate_walkarea_polygon を b にする（行5、6）。住宅ベース人口ポイントが徒歩圏に含まれる条件のもとで空間結合をする（行7）。その際、テーブル a からは世帯数 hh と人口数 pop を抽出し、テーブル b からは徒歩圏 id を選択し、関数 sum（）を用いて徒歩圏ごとに世帯数と人口数を集計する（行4、8）。抽出した結果をテーブル aa として（行9）、行2の更新値の aa.hh に参照される。

全く同じ構造で、SQL 構文 24 の2行を set pop= aa.pop と修正し、実行すると、人口 pop が更新される（SQL 構文 25）。

本章の最後に、PostGIS の post_topology と pgrouting を用いたネットワーク分析について、筆者の経験に基づいた感想を述べる。これまで、Esri 社が提供した道路網データセットと ArcGIS の「Network Analysis」ツールは GIS ネットワーク分析の定番であった。それと比べ、現段階の PostGIS の post_topology と pgrouting において、分析精度の向上と分析手法の簡素化にまだ課題が残っている。ただし、post_topology はオープンソースの道路データを使えることは大きな意味を持っている。また、トポロジーのスキース構造はオープン且つ明快であり、二次開発に大きな可能性が潜んでいることは言える。

第9章 安全安心まちづくりの検証

9.1 研究事例の概要

9.1.1 研究の背景

臨海部と豊川流域に接する豊橋市にとって、安全安心なまちづくりは必要不可欠な目標であり、総合計画に中核的な位置付けをしている。本章は、豊橋を事例に、水害リスクを評価するための空間分析方法を紹介する。

災害リスクの評価は、通常、災害因子、災害暴露と災害脆弱性を含め、自然環境、人口、社会インフラ、地域施設など複数の要素を取り入れた統合分析が欠かせない。本章では、浸水想定エリア、住宅ベース人口、公共交通、コンビニエンスストア、避難所と消防署などの地域データを用いて統合的な空間解析を行う。

9.1.2 研究の内容

自然災害リスクは、台風、暴雨、地すべりなど自然現象を誘発する因子より、暴露している「被害対象」と被害対象の「災害脆弱性」の存在から顕れる潜在的な災害損失の可能性と定義される。

本章では、豊橋市内の3つの河川流域を対象に、図9-1に示した自然災害リスク研究のフレームワークに基づき、水害の災害リスクにおける空間解析を行う。図9-2は本章の主な内容を示す。

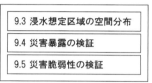

図9-2 本章の主な内容

具体的に、まず対象河川で形成した浸水想定区域の範囲と深さを災害因子として特定する。次に、浸水区域内に暮らしている住民、また浸水区域に立地している商店、避難所、消防署、公共交通などは災害因子に暴露していることで、直接被害の可能性が大きいことから、それらの場所と規模を算出する。さらに、社会インフラや施設の機能喪失による市民生活の影響、つまり、直接的な災害暴露をしなくて間接的に災害の影響を受けることを災害脆弱性として検証する。本章では以下の順番で豊橋の水害リスクを検証する。

1）市内3つの河川で形成した浸水想定区域の範囲と深さ（災害因子）

2）住宅ベース人口と浸水想定区域の分析（人的

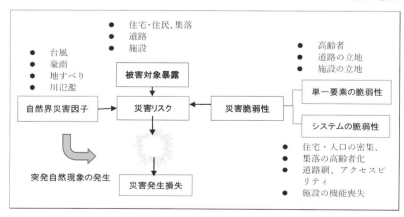

図9-1 自然災害リスク研究のフレームワーク

災害暴露）

3）公共交通と浸水想定区域の分析（社会インフラの災害暴露）

4）避難所・消防署と浸水想定区域（災害脆弱性・避難救援関連）

5）商店・道路と浸水区域（災害脆弱性・市民生活関連）

9.1.3 研究の手法

温故知新は本章演習の目標である。新たな分析方法の紹介はなく、これまで学んだQGISとPostGISによる「データとの対話型」の空間解析手法を復習しながら、点（人口、店舗、避難所、消防署）と面（浸水想定区域）、ライン（公共交通）と面（浸水想定区域）、面（土地利用）と面（浸水想定区域）の基本手法を統合的に行うことで、空間結合や空間交差など分析に関する新たな知見を知ることを目指す。

9.2 空間データベースの整備

9.2.1 使用データと研究環境の整備

表9-1は本章演習に使用するデータソースの一覧を示す。

表9-1　使用データソース一覧

データ名	データ類別	データソース	出所
標高	シェープファイル	contour.shp	基盤地図情報
河川	シェープファイル	river.shp	基盤地図情報
水部	シェープファイル	water.shp	基盤地図情報
浸水想定区域	シェープファイル	flood_level.shp	国土数値情報
避難所	シェープファイル	shelter.shp	自作
消防署	シェープファイル	firestation.shp	自作
防災地方の区画	シェープファイル	local_area.shp	自作

豊橋の地形に関連する標高、河川と水部は国土交通省の基盤データを利用した。避難所と消防署など施設関連のデータは、2015年豊橋市役所ホームページの情報に基づき筆者が作成した。また、防災区画は避難所データにある「地区」属性を利用し、筆者が作成したデータである。

図9-3は本演習の作業環境を示す。これまでと同じように、自らのPC環境に本演習に必要な作業環境を整備する。

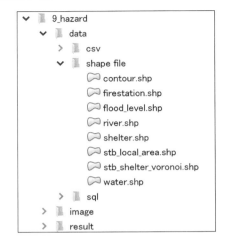

図9-3　フォルダ構成

9.2.2 データインポートとデータ構造の実装

表9-2は本章演習に追加するデータベーステーブルの一覧表を示す。

表9-2　データベーステーブル一覧

データ名	データ類別	データソース	Table Name
標高	シェープファイル	contour.shp	stb_contour
河川	シェープファイル	river.shp	stb_river
水部	シェープファイル	water.shp	stb_water
浸水想定エリア	シェープファイル	flood_level.shp	stb_flood_level
避難所	シェープファイル	shelter.shp	stb_shelter
消防署	シェープファイル	firestation.shp	stb_firestation
防災の地区	シェープファイル	local_area.shp	stb_local_area

表9-2に示したようにデータソース名をTable Nameに置き換え、第7章3節で紹介したDBマネージャーを用いたデータインポートの手順を踏んでデータベースにインポートする。

表9-3はデータベースのデータ仕様一覧を示す。第7章、第8章とは違い、本章の演習において外部キーを設ける必要性がない。

次は、第7章4節の「データ構造の実装」を参照し、表9-3に示したデータ仕様に従い、フィールド名とデータ型を確認し、主キーを設置する。

図9-4は完成したデータベース環境を示す。第7章と第8章のデータテーブルも含め、第9章は安心安全のまちづくりをテーマに、総合的なデータ解析を試みる。

表 9-3 データ仕様一覧

Table Name	Field	Data Type	Constraints
stb_contour	id	character varying	pkey
	geom	geometry	
	標高	character varying	
stb_river	id	integer	pkey
	geom	geometry	
	name	character varying	
	type	integer	
stb_water	id	integer	pkey
	geom	geometry	
stb_flood_level	id	integer	pkey
	geom	geometry	
	floodlevel	integer	
stb_shelter	id	integer	pkey
	geom	geometry	
	type	character varying	
	area	character varying	
	schoolzone	character varying	
	name	character varying	
	location	character varying	
	floor	character varying	
	structure	character varying	
	capacity	Integer	
stb_firestation	id	integer	pkey
	geom	geometry	
	name	character varying	
stb_local_area	id	integer	pkey
	geom	geometry	
	name	character varying	

図 9-4 データベース環境

9.3 浸水想定区域の検証

図 9-5 の上図は豊橋の標高と河川を表す。豊橋は渥美半島の付け根部分に立地し、平野の上に市域が広がっている。市北東部の山と南部の台地は標高が高く、豊川や梅田川が三河湾へ注ぐ市の西部は標高が低い。

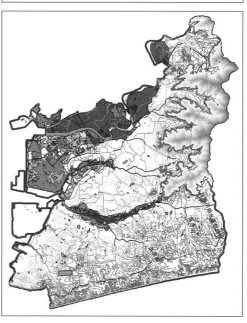

図 9-5 豊橋の標高、河川と浸水想定エリア

市内には豊川、朝倉川、梅田川、柳生川などが流れていて、それらの河川を中心に浸水想定区域が形成されている（図9-5の下図）。過去の記録を見ると、台風や豪雨により豊川の霞堤開口部から、または梅田川や柳生川からの浸水や氾濫等が引き起こされ、人家、農作物に多大な被害をもたらしてきた。

本演習は、豊橋市の水害を事例に、災害リスク分析の基本手法を紹介する。分析は災害因子である浸水想定区域の検証から始まる。まずは国土交通省が公表している「国土数値情報」の＜災害・防災＞カテゴリにある「浸水想定区域」のデータを利用し、標高、河川、水部と浸水想定区域を含めた主題図（図9-5）を作成する。

次に下記のSQL構文で浸水深さごとの浸水想定区域の面積を推計する。

SQL 構文1

```
1  select floodlevel, sum (st_area (geom)/1000000)
2  from s_regional_gis.stb_flood_level
3  group by floodlevel
4  order by floodlevel
```

コード解釈

浸水想定区域 stb_flood_level テーブルから水深レベル floodlevel とジオメトリカラム geom を選択し、PostGIS の関数 st_area () を用いて浸水想定区域の面積を算出する（行1、2）。その面積は、浸水レベルごとに集計（sum）し（行1、3）、その結果を浸水レベル順に並べる（行4）。計算結果を Excel で表形式に整えると表9-4になる。

表9-4 浸水想定区域面積の集計

浸水レベル	面積(km²)	割合
0-0.5m	5.15	1.98%
0.5-1.0m	8.88	3.41%
1.0-2.0m	12.49	4.80%
2.0-5.0m	14.43	5.55%
5.0m以上	0.41	0.16%
浸水エリア合計	41.35	15.89%
全域合計	260.19	100.00%

考察

浸水想定区域の面積は、市全域面積の約16％になる。そのうち、浸水1m以上の面積は全域面積の10％を超え、広範囲の深い浸水が特徴である。

9.4 災害暴露の検証

この節では、人的な災害暴露と施設や社会インフラなどの災害暴露の検証を行う。

9.4.1 人的な災害暴露

まず、人的な災害暴露として、浸水想定区域に暮らしている住民の数を推計する。

図9-6は浸水想定区域と住宅ベース人口を重ねた主題図を示す。

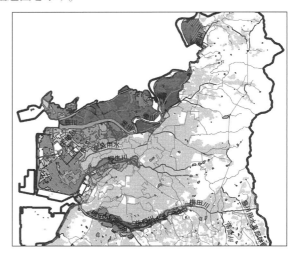

図9-6 浸水想定区域と住宅ベース人口

SQL 構文2は、浸水想定区域テーブル stb_flood_level と住宅ベース人口テーブル stb_residence_pop を空間結合し、浸水想定区域に含まれる人口数を集計する。

SQL 構文2

```
1  select b.floodlevel, sum (a.hh) as hh, sum (a.pop) as pop
2  from s_regional_gis.stb_residence_pop as a
3  inner join s_regional_gis.stb_flood_level as b
4  on st_within (a.geom, b.geom)
5  group by floodlevel
```

```
6    order by floodlevel
```

コード解釈

住宅ベース人口テーブルを a、浸水想定区域テーブルを b とし、両者の空間結合を行う（行 2、4）。テーブル a からは世帯数 hh と人口数 pop を抽出し、テーブル b からは浸水レベルを選ぶ（行 1）。集計（sum）は浸水レベルごとに行い（行 1、5）、その結果を浸水レベルの順に並べ替える（行 6）。SQL の集計結果を Excel へコピーし、割合計算を加えると、表 9-5 の表形式が得られる。

表 9-5　浸水想定区域内の世帯と人口集計

浸水レベル	世帯数	世帯数の割合	人口数	人口数の割合
0-0.5m	5429	3.95%	13855	3.74%
0.5-1.0m	8432	6.14%	22188	5.99%
1.0-2.0m	6624	4.82%	17877	4.83%
2.0-5.0m	5035	3.66%	14792	3.99%
5.0m以上	2	0.00%	8	0.00%
浸水エリア合計	25522	18.57%	68720	18.55%
全域合計	137431	100.00%	370440	100.00%

考察

前節において、浸水想定区域の面積は市全域面積の約 16% になることが判明した。その 16% の浸水想定区域には、約 2 万 5 千の世帯と 6 万 8 千を超える人口が暮らしている。その割合はおよそ全域の世帯数と人口数の 18.5% にのぼる。また、人口は浸水 1m 以下の区域にやや集中する傾向が見えるが、1m 以上の浸水区域にはまだ 8.82% の人口が含まれている。

9.4.2　コンビニエンスストアの災害暴露

次は、住民の日常生活に欠かせないコンビニエンスストアの災害暴露を計算してみる。第 5 章で作成したコンビニエンスストアのデータを用いて、SQL 構文 3 には浸水想定区域 stb_flood_level テーブルとコンビニエンスストア sdv_store データビューの空間結合をし、浸水レベルごとと店舗系列ごとの店舗数のクロス集計を行う。

SQL 構文 3

```
1    select b.floodlevel, a.company, count (a.id) as number_of_store
2    from s_regional_gis.sdv_store as a
3    inner join s_regional_gis.stb_flood_level as b
4    on st_within (a.geom, b.geom)
5    group by floodlevel, company
6    order by floodlevel, company
```

コード解釈

コンビニエンスストアテーブルを a、浸水想定区域テーブルを b とし、両者の空間結合を行う（行 2〜4）。テーブル a からは店舗系列フィールド company と店舗 ID の id フィールドを抽出し、テーブル b からは浸水レベル floodlevel を選ぶ（行 1）。関数 count () を用いて、浸水レベルごと、さらに店舗系列ごとに店舗数を数える（行 1、5）、その結果は浸水レベルの順に、また店舗系列ごとに並べ替える（行 6）。SQL の集計結果を Excel で成形し、表 9-6 に表す。

考察

全域 173 のコンビニエンスストアのうち 39 か所、

表 9-6　浸水想定区域内のコンビニエンスストアのクロス集計

浸水レベル＼店舗系列	0-0.5m	0.5-1.0m	1.0-2.0m	2.0-5.0m	浸水エリア合計	全域の合計
サークルK	2	4	2	4	12	45
サンクス	1	1	1	1	4	25
セブンイレブン	4	2	2	2	10	47
デイリーヤマザキ			1		1	2
ファミリーマート			1	2	3	19
ミニストップ		1			1	10
ローソン		2	3	2	7	16
ローソンストア100	1				1	7
Yショップ					0	1
ニュージョイス					0	1
合計	8	10	10	11	39	173

全コンビニエンスストアの約 22% の店舗が浸水想定区域に立地している。そのうち、ローソンの 7 店舗、ローソン全体の約 48%、またサークル K の 12 店舗とセブンイレブンの 10 店舗が災害時に使えない可能性がある。災害時日用品の調達が課題の 1 つになる。

9.4.3 避難所と消防署の災害暴露

最後に、災害時に住民避難と救援活動に欠かせない避難所と消防署の災害暴露を検証してみる。避難所は、主に第 1 指定避難所と第 2 指定避難所の 2 種類に分けている。また、避難所は全域 22 の「地区」に立地している。SQL 構文 4 は、まず、地区ごと、種類ごとの避難所数を集計し、豊橋市の避難所の全貌を確認する。

SQL 構文 4

```
1  select type, area, count (id)
2  from s_regional_gis.stb_shelter
3  group by type, area
4  order by type, area
```

コード解釈

避難所テーブル stb_shelter から避難所種類 type、地区 area と避難所 ID を抽出し、count () 関数を用いて、種類 type ごと、地区 area ごとに避難所数を数える（行 1 〜 3）。その結果を避難所の種類ごと、地区ごとに並べ替え、図 9-7 に示している。

考察

図 9-7 の左側は、地区ごと、種別ごとの避難所数の集計を表す。全域 107 の避難所に第 1 指定避難所は 19 か所、第 2 指定避難所は 88 か所がある。図 9-7 の右側は、地区ごとの避難所分布の主題図を表し、黒い丸は第 1 指定避難所、白い丸は第 2 指定避難所を指す。多くの避難所が浸水想定区域に立地していることが窺える。

SQL 構文 5 は浸水レベル、避難所の類別と地区ごとの避難所数のクロス集計を行う。その集計結果はそれぞれ表 9-7 と表 9-8 に示す。

SQL 構文 5

```
1  select b.floodlevel, a.type, a.area, count (a.id)
2  from s_regional_gis.stb_shelter as a
3  inner join s_regional_gis.stb_flood_level as b
4  on st_within (a.geom, b.geom)
5  group by floodlevel, type, area
6  order by floodlevel, type, area
```

タイプ 地区	第1指定避難所	第2指定避難所	総計
羽田		3	3
吉田方	1	2	3
五並	1	3	4
高師台		3	3
高豊	1	4	5
章南		4	4
青陵	1	8	9
石巻	1	6	7
前芝	1	2	3
中部	1	11	12
東部	1		1
東陽		2	2
東陵	1	2	3
南部	1	3	4
南陽	1	3	4
南稜	2	5	7
二川	1	5	6
豊岡	1	5	6
豊城	1	4	5
北部	1	4	5
本郷	1	5	6
牟呂	1	4	5
総計	19	88	107

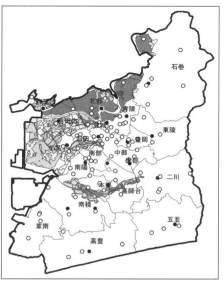

図 9-7　浸水想定区域と避難所の分布

第 9 章　安全安心まちづくりの検証

表 9-7　浸水レベル、避難所類別と避難所数のクロス集計

避難所タイプ＼浸水レベル	0-0.5m	0.5-1.0m	1.0-2.0m	2.0-5.0m	浸水エリア合計	全域の合計
第1指定避難所	2			1	3	19
第2指定避難所	1	4	6	4	15	88
総計	3	4	6	5	18	107

表 9-8　浸水レベル、地区と避難所数のクロス集計

地区＼浸水レベル	0-0.5m	0.5-1.0m	1.0-2.0m	2.0-5.0m	浸水エリア合計	全域の合計
吉田方	1	1	1		3	3
青陵				1	1	9
石巻			1		1	7
前芝	1	2			3	3
中部	1				1	12
豊城			1		1	5
北部			1	4	5	5
本郷			1		1	6
牟呂		1	1		2	5
その他					0	52
総計	3	4	6	5	18	107

コード解釈

避難所テーブル stb_shelter を a とし、浸水想定区域テーブル stb_flood_level を b とし、両者の空間結合を行う（行 2 ～ 4）。テーブル a からは避難所種類 type、地区 area と避難所 ID を抽出し、テーブル b からは浸水レベル floodlevel を抽出する（行 1）。関数 count () を用いて、浸水レベルごと、種類 type ごと、さらに地区 area ごとに避難所数を数え（行 1、行 5）、その結果を浸水レベルごと、避難所種類ごと、地区ごとに並べ替える。

考察

全域 107 の避難所のうち、18 か所の避難所が浸水想定区域に立地している。表 9-7 を見ると、19 の第 1 指定避難所のうち、3 か所が浸水想定区域に、また第 2 指定避難所の 15 か所が浸水想定区域に入っている。さらに表 9-8 を確認してみると、浸水想定区域に立地している 18 の避難所は、全域 22 地区のうちの 9 つの区域に含まれている。特に、吉田方の 3 つ、前芝の 3 つ、北部の 5 つの避難所のすべてが浸水状態に陥る可能性があり、その地区の避難計画の策定が必要不可欠になる。

次に、豊橋市の消防署について確認する。豊橋市全域には 8 つの消防署がある。そのうち前芝地区に立地している 1 つの消防署が浸水想定区域に入っている。ここでは読者自ら消防署 stb_firestation テーブルをレイヤに追加し、図 9-8 に示した SQL 構文を用いて、消防署の災害暴露を確認してほしい。

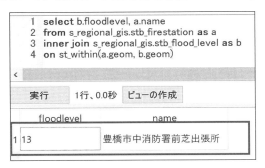

図 9-8　消防署災害暴露の確認

図 9-8 の結果を考察してみると、浸水レベル 1.0 - 2.0 m の浸水想定区域から豊橋中消防署の前芝出張所が抽出されたことが確認できる。

9.5　災害脆弱性の検証

この節は、浸水による公共交通システムや避難所の機能喪失に着目し、直接災害に暴露しなくても、間接的に被害や影響を受けてしまう、いわゆる災害脆弱性を検証する。

9.5.1　バス路線災害脆弱性の検証

図 9-9 には豊橋の 10 系統のバス路線とバス停を

浸水想定区域と重ねる主題図を表す。一部のバス走行路線が浸水想定区域と重なり、直接的な災害暴露だけではなく、路線全線不通による間接的な影響や損失を含め、バスシステムによる災害脆弱性を検証してみる。

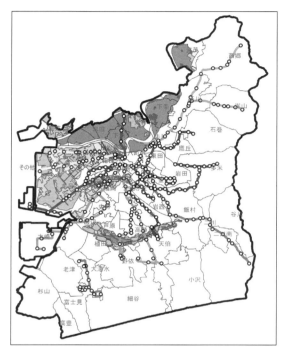

図 9-9　浸水想定区域とバス路線

まず、SQL 構文 6 を用いて、バス路線ごとの走行距離とバス停数を求める。

SQL 構文 6

1	**select** *a.busline_id, a.name,* **count** *(b.id)* **as** *number_of_busstop,* **st_length** *(a.geom)/1000* **as** *length*
2	**from** *s_regional_gis.stb_bus_line* **as** *a*
3	**inner join** *s_regional_gis.stb_bus_stop* **as** *b*
4	**on** *a.busline_id = b.busline_id*
5	**group by** *a.busline_id, a.name, a.geom*
6	**order by** *a.busline_id*

コード解釈

バス路線テーブル stb_bus_line を a、バス停テーブルを b とし、両者は busline_id が一致することを条件に結合する（行 2 〜 4）。テーブル a からは busline_id、name とジオメトリカラム geom を選択し、テーブル b からはバス停の id を選ぶ（行 1）。関数 count () を用いてバス路線ごとにバス停の数を数え、また関数 st_length () を使ってバス路線の長さを計算する（行 1、5）。最後にバス路線の順に集計結果を並べる（行 6）。

考察

表 9-9 は集計結果を表す。豊橋 10 系統のバス路線の走行距離は 137 キロにのぼり、バス停の総数は 280 か所になる。

表 9-9　バス路線の走行距離とバス停数

バス路線	バス停の数	走行距離(km)
中浜・小浜大崎線	25	15.16
三本木技科大線	31	16.53
牛川金田・飯村岩崎線	45	18.54
天伯団地・岩田団地線	38	15.15
牟呂・神野ふ頭線	24	13.39
二川線	32	14.63
和田辻線	37	19.18
豊川線	9	5.90
市民病院線	24	12.40
レイクタウン線	15	6.63
合計	280	137.51

次に、SQL 構文 7 を用いて浸水レベルごとのバス路線走行距離を求める。

SQL 構文 7

1	**select** *b.floodlevel, a.busline_id, a.name,* **sum** (**st_length** (**st_intersection** *(a.geom, b.geom))/1000*) **as** *length*
2	**from** *s_regional_gis.stb_bus_line* **as** *a*
3	**inner join** *s_regional_gis.stb_flood_level* **as** *b*
4	**on st_intersects** *(a.geom, b.geom)*
5	**group by** *a.busline_id, a.name, b.floodlevel*
6	**order by** *a.busline_id, b.floodlevel*

コード解釈

これまで、住宅ベース人口、コンビニエンスストア、避難所と消防署などについて浸水想定区域との空間結合を行った。いずれもポイントとポリゴンの空間結合であり、st_within () 関数を用いて空間結合を行った。ところが、今回のバス路線と浸水想定区域との結合はラインとポリゴンの空間結合になり、これまでの分析手法と異なり、ラインとポリゴンの

交差（intersection）部分を求める必要がある。

バス路線テーブル stb_bus_line を a、浸水想定区域テーブル stb_flood_level を b とし、両者が交差している条件で空間結合を行う（行2～4）。ここで使用する関数 st_intersects () は、引数の両地物が交差しているかどうかを判断する関数である。両者が交差している場合は Yes を返し、そうでない場合は No を返す。

バス路線テーブルからは busline_id、name とジオメトリカラム geom のフィールドを抽出し、浸水想定区域テーブルからは floodlevel フィールドを選ぶ（行1）。3つの関数を入れ子 sum (st_length (st_intersection ())) の形で使う。まず、一番内側の関数 st_intersection () は、路線と浸水想定区域の交差部分を求め、次の中間入れ子関数 st_length () は、交差部分路線の長さを計算する。外側の関数 sum () は、浸水レベルごと、路線ごとに交差部分の路線長さを足す（行5と合わせる）。最後に、バス路線ごと、浸水レベルごとに集計結果を並べ替える。

考察

表9-10は、SQL構文7の集計結果をクロス集計した結果である。豊橋全域に137キロのバス路線のうちの約15%、走行距離20キロが浸水想定区域に含まれている。浸水レベル1m以下の浸水想定区域には約13キロ、1m以上の浸水想定区域に約7キロのバス路線がある。

さらにバス路線ごとに状況を確認してみる。全市の10系統のバス路線のうち8系統のバス路線が浸水想定区域を通過する。そのうち、市民病院線の約80%、豊川線の約58%が水没する可能性がある。特に市民病院線の機能不全は、病院機能の低下につながりかねない。これは典型的な災害脆弱性として対策を練る必要がある。

次に、バス停テーブルと浸水想定区域テーブルを使って、バス停の水没状況を確認する。これはポイントとポリゴンの空間結合になるので、これまでと同じ方法で集計を行う。

SQL 構文 8

1	select b.floodlevel, a.busline_id, count (a.id) as number_of_busstop
2	from s_regional_gis.stb_bus_stop as a
3	inner join s_regional_gis.stb_flood_level as b
4	on st_within (a.geom, b.geom)
5	group by b.floodlevel, a.busline_id
6	order by b.floodlevel, a.busline_id

コード解釈

バス停テーブル stb_bus_stop を a、浸水想定区域テーブルを b とし、テーブル a と b の空間結合を行う（行2～4）。バス停テーブル a からは busline_id、バス停の id を抽出し、浸水想定区域テーブル b からは浸水レベル floodlevel を選び、関数 count () を用いて、浸水レベルごと、バス路線ごとにバス停の数を数える（行1、5）。最後に、集計結果を浸水レベルとバス路線ごとに並び替える。

考察

全域の280のバス停のうち31のバス停が水没す

表9-10 浸水レベルごと、バス路線ごとのバス路線走行距離のクロス集計

バス路線\浸水レベル	0-0.5m	0.5-1.0m	1.0-2.0m	2.0-5.0m	浸水エリア合計	全域走行距離(km)	浸水割合
中浜・小浜大崎線	0.39	0.22	0.20		0.80	15.16	5.27%
三本木技科大線	0.22	0.65	0.20	0.20	1.27	16.53	7.70%
牛川金田・飯村岩崎線					0.00	18.54	0.00%
天伯団地・岩田団地線	0.03	0.07	0.22		0.32	15.15	2.08%
牟呂・神野ふ頭線	0.62	2.25	1.90		4.78	13.39	35.72%
二川線					0.00	14.63	0.00%
和田辻線				0.20	0.20	19.18	1.02%
豊川線	0.31	0.25	1.26	1.64	3.46	5.90	58.55%
市民病院線	4.04	4.13	1.29	0.42	9.88	12.40	79.65%
レイクタウン線					0.00	6.63	0.00%
合計	5.62	7.56	5.07	2.45	20.70	137.51	15.05%

表 9-11　浸水レベルごと、バス路線ごとのバス停数のクロス集計

バス路線＼浸水レベル	0-0.5m	0.5-1.0m	1.0-2.0m	2.0-5.0m	浸水エリア合計	全域合計
中浜・小浜大崎線			1		1	25
三本木技科大線		1	1		2	31
牟呂・神野ふ頭線		4	2		6	24
豊川線			3	2	5	9
市民病院線	6	9	1	1	17	24
その他					0	167
総計	6	14	8	3	31	280

る可能性がある。浸水レベルからみると、浸水1m以下の区域に20、浸水1m以上の区域に11のバス停が含まれている。バス路線ごとに確認してみると、全域10系統のバス路線のうち、バス停が水没される可能性のある路線は半数の5系統にのぼる。また、市民病院線と豊川線の多くのバス停が使用不能になる（表9-11）。

9.5.2　避難所の機能喪失と災害脆弱性の検証

図9-10は浸水想定区域と最寄り避難区域の重なりを示す。ここで避難所を囲むボロノイポリゴンを最寄り避難区域と呼ぶ。この最寄り避難区域に暮らしている住民にとって、区域に含まれる唯一の避難所は最寄り避難所である。

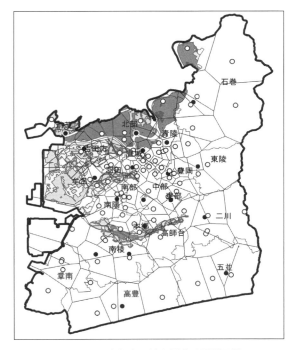

図9-10　浸水想定区域と最寄り避難区域

浸水想定区域に含まれる18か所の避難所に着目し、対応する18の最寄り避難区域を抽出する。その最寄り避難区域に暮らしている住民は、直接的な水害を受けるかどうかにもかかわらず、最寄り避難所の機能喪失による様々な影響を受けることになる。こうした最寄り避難区域の人口密度が高ければ高いほど、災害脆弱性が高くなる。

本節では、浸水想定区域に立地する18か所の避難所に対し、まず対応する最寄り避難区域を求める。その次にそれらの避難所が浸水より機能喪失した場合、影響を受ける最寄り避難区域に人口数を求める。

第5章において、コンビニエンスストアの商圏として、店舗中心のボロノイポリゴンの作成を紹介した。その方法をもう一度復習し、今度は避難所を中心としたボロノイポリゴンを作成、これを最寄り避難区域の空間テーブルとして、stb_shelter_vonoroiに名づけて保存する。完成した最寄り避難区域と浸水想定区域の主題図は図9-10に示す。

次にSQL構文9を用いて浸水による機能喪失の避難所、並びに関連する最寄り避難所を抽出し、その結果を新しいテーブルに保存する。

SQL 構文 9

1	**select** *a.id, a.area, c.geom*
2	**into** *s_regional_gis.stb_shelter_voronoi_in_floodarea*
3	**from** *s_regional_gis.stb_shelter* **as** *a*
4	**inner join** *s_regional_gis.stb_flood_level* **as** *b*
5	**on st_within** (*a.geom, b.geom*)
6	**inner join** *s_regional_gis.stb_shelter_voronoi* **as** *c*
7	**on st_within** (*a.geom, c.geom*)

コード解釈

この分析は 2 段階に分けて解説する。

まず、第 1 段階として浸水想定区域に立地する避難所を抽出する。そのためには、避難所テーブルを a、浸水想定区域テーブルを b とし、避難所ポイントが浸水想定区域ポリゴンに含まれることを条件に空間結合を行う（行 3 〜 5）。避難所テーブルからは、避難所 id と避難所の所在地区 area を抽出する（行 1）。

第 2 段階では、前段階で抽出した避難所に対し、関連する最寄り避難区域を抽出する。そのため、さらに最寄り避難区域テーブル stb_shelter_voronoi を c とし、前段階で抽出した避難所のポイントが最寄り避難区域に含まれることを条件に結合を行う（行 6 〜 7）。最寄り避難所テーブルからはジオメトリカラム geom を抽出し、select…into の構文でその結果をテーブル stb_shelter_voronoi_in_floodarea に書き出す（行 1 〜 2）。図 9-11 に網掛け部分の最寄り避難区域は抽出された結果である。

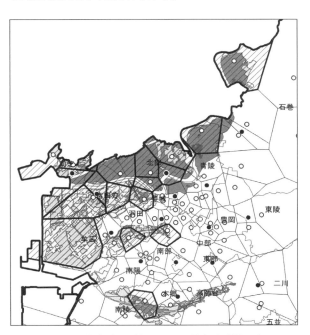

図 9-11　機能喪失避難所とその最寄り避難区域

最後に、SQL 構文 10 で抽出した最寄り避難区域に含まれる人口数を集計する。

SQL 構文 10

1	**select** *b.area*, **sum**(*a.hh*) **as** *hh*, **sum** (*pop*) **as** *pop*
2	**from** *s_regional_gis.stb_residence_pop* **as** *a*
3	**inner join** *s_regional_gis.stb_shelter_voronoi_in_floodarea* **as** *b*
4	**on st_within** (*a.geom, b.geom*)
5	**group by** *b.area*
6	**order by** *b.area*

コード解釈

これまでと同じ方法で人口を集計する。住宅ベース人口テーブル stb_residence_pop を a、最寄り避難区域テーブル stb_shelter_voronoi_in_floodarea を b とし、住宅人口のポイントが最寄り避難所のポリゴンに含まれる条件のもとで、両テーブルを空間結合する（行 2 〜 4）。テーブル a からは世帯数 hh と人口数 pop を、テーブル b は避難所の所在地区 area を抽出する（行 1）。関数 sum () を用いて避難所の所在地区 area ごとに集計を行い（行 1、5）、その結果を地区の順に並べる（行 6）。

考察

表 9-12 には避難所の機能喪失により影響を受ける人口の集計結果を示す。全域の 22 の地区のうち 9 つの地区が避難所の機能喪失による影響を受けることになる。具体的に、約 2 万 4 千の世帯と約 6 万 6 千人の人口が最寄り避難所の利用ができない状態になる。それは、表 9-6 に示した浸水想定区域に暮らしている人口数と違う。一部の住民は浸水想定区域に住んでいないが、最寄りの避難所が浸水した結果で、影響を受けることになる。その意味でこの区

表 9-12　避難所の機能喪失により影響を受ける人口の集計

地区	世帯数	人口数
吉田方	4612	12478
青陵	369	1380
石巻	426	1661
前芝	1508	4749
中部	2763	6269
豊城	3081	7668
北部	5013	14279
本郷	1428	3821
牟呂	5223	13627
合計	24423	65931

域が災害の影響が受けやすいことで、災害脆弱性が高いと評価される。

第 10 章　越境地域連携事業の空間ネットワーク分析

10.1　研究事例の概要

10.1.1　研究の背景

現在、人口減少への対応と東京一極集中の是正を背景に、自律的で持続可能な地域の創生を目指す地方創生が国の主要政策として実施されている。その地方創生では地域間連携が重視されている。例えば、地方創生に関連した先駆的事業に対して交付される地方創生関連交付金では、先駆性の評価基準の1つとして、広域にわたる複数の地方公共団体が、適切に連携して同一事業を実施する「地域間連携」を挙げている。

このように地域間連携は地域課題解決の重要な手段であり、地域間連携による事業の実態を分析して効果的に活用することが必要である。本章では地方創生関係交付金で地域間連携による事業として採択された「広域連携事業」に着目し、その連携実態を把握するとともに自治体間ネットワークを分析する。

本章で使用するデータは、戸田敏行教授(愛知大学)との共同研究（小川, 戸田 2018, 2019）の一環で作成したデータを活用する。

10.1.2　研究の手法

本章では、地方創生関係交付金を活用した広域連携事業の実態と自治体間ネットワークを分析するために、以下の3つの作業を実施する。まず、①地方創生関係交付金における広域連携事業データベースを構築する。事業リストの入手からデータ作成（緯度経度取得・ポイントデータ化）を行い、データベースを構築する。次に、②全国県境自治体の主題図を作成して越境地域に着目した分析を行う。そして、③広域連携事業における自治体間ネットワークを作成・可視化した後、ネットワーク分析を行い、ネットワーク構造と空間特性について把握する。具体的な作業手順を図10-1に示す。また、本章では、図10-2の作業環境を作り、各データを保管する。

図 10-2　作業環境

```
10.2　広域連携事業データベースの構築
    10.2.1　広域連携事業の空間データの作成
    10.2.2　データベース構築
10.3　全国県境自治体の主題図作成
    10.3.1　全国市区町村マップの作成
    10.3.2　県境自治体の主題図作成
    10.3.3　広域連携事業のデータ分析
10.4　広域連携事業のネットワーク構造の作成と可視化
10.5　ネットワーク構造の分析
```

図 10-1　作業の手順

10.2　広域連携事業データベースの構築

10.2.1　広域連携事業の空間データの作成

手順1：事業リスト入手

地方創生関係交付金はデータ作成時点（2017年4月）までに、2015年の先行型交付金、2016年の加速化交付金（1次は2016年3月、2次は2016年8月採択）と推進交付金（第1回目は2016年8月、第2回目は2016年11月採択）、2017年の推進交付金（第1回目は2017年4月）が実施されている。本研究では、2017年までの地方創生関係交付金で採択された広域連携事業を対象に、まち・ひと・し

表10-1 交付金採択事業一覧（加速化交付金の例）

地方公共団体名	交付対象事業名	交付予定額（千円）
北海道 北海道札幌市	なでしこ応援・女性の活躍推進事業	36,692
北海道 北海道札幌市 北海道江別市 北海道千歳市 北海道恵庭市 北海道北広島市 北海道石狩市 北海道当別町	「さっぽろ圏」若者定着促進広域連携事業	155,641
北海道 北海道小樽市 北海道島牧村 北海道黒松内町 北海道蘭越町 北海道ニセコ町 北海道真狩村 北海道京極町 北海道倶知安町 北海道共和町 北海道岩内町 北海道積丹町 北海道余市町	国際リゾートを核としたしりべし「人と仕事のベストミックス」加速化事業	62,760

ごと創生本部ホームページ[1]で公開されている採択事業一覧（表10-1）からデータを作成した。

手順2：データ作成

取得した採択事業一覧には、事業名、構成自治体、交付予定額が記載されている。このリストをもとに、さらに先行型や加速化といった交付金種別で区分した「交付金種別」、事業名称から「観光分野」、「人材育成・移住分野」、「地域産業分野」、「まちづくり分野」、「農林水産分野」、「働き方分野」の6事業分野に区分した「事業分野」、事業の構成自治体が同一県内の「県内型」、複数県の自治体で構成される「越境型」に区分した「越境区分」、隣接自治体が連携する「隣接連携」と遠隔地の自治体が連携する「遠隔連携」に区分した「空間区分」、道府県自治体が連携する「県連携」、道府県と市区町村自治体が連携する「県・市町村連携」、市区町村だけの連携「市町村連携」に区分した「構成自治体連携区分」の項目を追加してデータを作成した（表10-2）。

作成したデータをデータベースに実装するために、表10-3のデータ名ごとに各テーブルに分割してcsvファイル形式で「data」フォルダ内の「csv」フォルダに保存する。表10-3の「自治体データ」

表10-2 作成したデータ

No.	交付金種別	構成自治体	交付対象事業名	交付予定額（千円）	事業分野区分	越境区分	空間区分	構成自治体連携区分
1	先行	北海道釧路市 北海道帯広市 北海道網走市	ひがし北海道空港連携海外観光客誘致事業	9,000	観光分野	県内型	遠隔連携	市町村連携
2	先行	北海道江別市 北海道長沼町 北海道栗山町	～ようこそ！つながる「まち」と「学生」～学生地域定着自治体連携プロジェクト	4,835	人材育成・移住分野	県内型	遠隔連携	市町村連携
3	先行	北海道深川市 北海道妹背牛町 北海道秩父別町 北海道北竜町 北海道沼田町	地場産農産物及びその加工品の学校給食等への利活用と事業化・販売促進のための広域連携事業	5,100	農林水産分野	県内型	隣接連携	市町村連携
4	先行	北海道当別町 北海道新篠津村	当別町・新篠津村特別区連携プロジェクト	6,000	まちづくり分野	県内型	隣接連携	市町村連携
5	先行	北海道上ノ国町 北海道江差町 北海道厚沢部町 北海道乙部町 北海道奥尻町 北海道今金町 北海道せたな町	檜山管内7町と東京都特別区との連携事業	35,141	まちづくり分野	県内型	遠隔連携	市町村連携
6	先行	北海道ニセコ町 北海道蘭越町 北海道倶知安町	ニセコエリア総合観光情報発信事業	63,094	観光分野	県内型	隣接連携	市町村連携
7	先行	北海道余市町 北海道仁木町	余市・仁木ワインツーリズム・プロジェクト	60,620	観光分野	県内型	隣接連携	市町村連携
8	先行	北海道厚真町 北海道新得町	「田学（でんがく）連携」プロジェクト	17,600	人材育成・移住分野	県内型	遠隔連携	市町村連携
9	先行	北海道洞爺湖町 北海道豊浦町 北海道壮瞥町	洞爺湖有珠山ジオパーク資源を活用したDMO観光地域づくり連携事業	94,384	観光分野	県内型	隣接連携	市町村連携
10	先行	青森県青森市 青森県平内町 青森県今別町 青森県蓬田村 青森県外ヶ浜町	青森と首都圏をつなぐビジネス交流拠点構築事業（東青地域連携）	49,634	まちづくり分野	県内型	隣接連携	市町村連携
11	先行	青森県青森市 青森県平内町 青森県今別町 青森県蓬田村 青森県外ヶ浜町	農業移住・新規就農サポート事業（東青地域連携）	9,262	人材育成・移住分野	県内型	隣接連携	市町村連携

表 10-3 データソース一覧

データ名	データ類別	データソース名
交付金事業リスト	テーブル	grant_project_list.csv
交付金種別	テーブル	grant_type.csv
事業分野区分	テーブル	field_type.csv
越境区分	テーブル	cross_border_type.csv
空間区分	テーブル	spatial_type.csv
構成自治体連携区分	テーブル	cooperation_type.csv
プロジェクト構成自治体	テーブル	project_gov.csv
自治体データ	テーブル	local_governments.csv
都道府県コード	テーブル	prefecture.csv

は、連携事業に参画する自治体の自治体名、自治体コード、役場住所等のデータを格納したもので、住所データをもとに座標変換したデータも追加している（座標変換の方法については第5章及び第6章を参照されたい）。

10.2.2 データベース構築

データベース構築作業は7章で詳細に解説されているため、ここでは主に本章における変更点や追加作業について記載する。

手順1：pgAdmin で新規データベースを作成

PostgreSQL を起動してデータベースを新規作成する。本章のデータベース名は「regional_study_gdb」とする。

手順2：空間データベースへの拡張

7章手順2と同様に、PostGIS 関連の拡張パッケージを読み込む。

手順3：スキーマの新規作成

7章手順3と同様に、スキーマを新規作成する。本章では、スキーマ名を「s_cbc」として作成する。

手順4：QGIS とデータベースの接続

7章手順4と同様に、QGIS とデータベースを接続する。本章では、接続名を「越境 GIS」とする。

手順5：データインポート

QGIS の［DB マネージャー］を使用してデータソースをインポートする。インポートの手順は7章手順5の要領で行う。インポートする際には、表10-4 のネーミング規則に従って「データソース名」を「Table Name」に置き換える。「自治体データ」のインポートについては、緯度、経度に基づいたポイントデータにするため、データベースにインポートする際にはシェープファイルのインポート手順でインポートする。その際の［変換前 SRID］は「4326（WGS84）」、［変換後 SRID］は「4612（JGD2000）」とする（図10-3）。

表 10-4 データベーステーブル名の一覧表

データ名	データ類別	データソース名	Table Name
交付金事業リスト	テーブル	grant_project_list.csv	tb_grant_project_list
交付金種別	テーブル	grant_type.csv	tb_grant_type
事業分野区分	テーブル	field_type.csv	tb_field_type
越境区分	テーブル	cross_border_type.csv	tb_cross_border_type
空間区分	テーブル	spatial_type.csv	tb_spatial_type
構成自治体連携区分	テーブル	cooperation_type.csv	tb_cooperation_type
プロジェクト構成自治体	テーブル	project_gov.csv	tb_project_gov
自治体データ	テーブル	local_governments.csv	stb_local_gov
都道府県コード	テーブル	prefecture.csv	tb_prefecture

図 10-3 自治体データのインポート

手順6：データ構造の実装

手順1～5で空間データベースの構築と必要な

データのインポートが終了した。次に、データ間を関連付けてデータ構造を完成させる。データ構造実装の作業手順は7章で詳細に解説されているため、ここでは本章のデータ仕様表（表10-5）、データベース実装後のER図（図10-4）のみを示す。

表10-5 データ仕様表

Table Name	Field	Data Type	Constraints	注釈
tb_grant_project_list	project_no	integer	pkey	⑥
	project_name	character varying		
	adopted_date	character varying		
	grant_type	smallint	fk_to_grant_type	参照先①
	project_grant	integer		
	field_type	smallint	fk_to_field_type	参照先②
	cb_type	smallint	fk_to_cross_border_type	参照先③
	spatial_type	smallint	fk_to_spatial_type	参照先④
	cooperation_type	smallint	fk_to_cooperation_type	参照先⑤
	number_of_local_governments	smallint		
tb_grant_type	grant_type_id	smallint	pkey	
	grant_type	character varying		①
tb_field_type	field_type_id	smallint	pkey	
	field_type	character varying		②
tb_cross_border_type	cb_type_id	smallint	pkey	
	cb_type	character varying		③
tb_spatial_type	spatial_type_id	smallint	pkey	
	spatial_type	character varying		④
tb_cooperation_type	cooperation_type_id	smallint	pkey	
	cooperation_type	character varying		⑤
tb_project_gov	no	integer	pkey	
	project_no	integer	fk_to_project_list	参照先⑥
	gov_code	character varying	fk_to_local_gov	参照先⑦
stb_local_gov	gov_code	character varying	pkey	⑦
	geom	geometry		
	pref_code	character varying	fk_to_pref	参照先⑧
	gov_name	character varying		
	address	character varying		
tb_prefecture	pref_code	character varying	pkey	⑧
	prefecture	character varying		

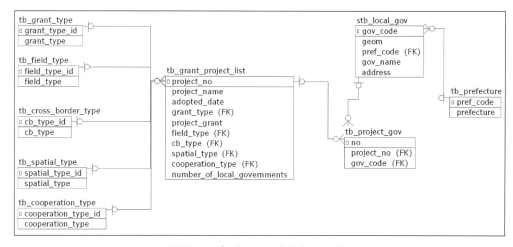

図10-4 データベース実装後のER図

10.3　全国県境自治体の主題図作成

10.3.1　全国市区町村マップの作成

全国県境自治体の主題図を作成して越境地域に着目した分析を行う。そのために、はじめに全国の市区町村マップを作成する。

手順 1：データの準備

全国の市区町村マップを作成するにあたって、行政界データが必要である。今回は、国土地理院で公開されている「地球地図」の日本版データを使用する。「地球地図日本」のデータは、世界各国の地理空間情報当局が統一された仕様で「自国を示す公認データ」として作成した「地球地図」の日本部分のものである。データには、行政界、交通網、水系、人口集中域のベクタデータ、標高、植生、土地利用、土地被覆のラスタデータがあり、今回は行政界データを使用する。国土地理院のホームページ[2)]にアクセスして［ホーム］＞［サイトマップ］＞［地球地図］＞［地球地図日本］ページより「行政界データ（第 2.1 版ベクタ）」をダウンロードする。ダウンロードしたデータ一式を「data」フォルダ内の「shape_file」フォルダに保存する。

「地球地図日本」の行政界のシェープファイル内には「行政コード (adm_code)」、「都道府県名 (nam)」、「市区町村名（laa）」等のデータが英語で格納されているため、日本語で表記するためには「都道府県名」、「市区町村名」の別データを用意して、行政コードで連結する作業が必要である。そのためのデータとして、「政府統計の窓口（e-Stat）」で公開されているデータを利用する。データは［トップページ］＞［統計分類・調査項目］＞［市区町村名・コード］＞［市区町村を探す］ページにアクセスし、検索条件を設定してダウンロードすることができる。今回は検索条件として、「2018 年 9 月」時点の「全国（すべて選択）」の「市・区・町・村」にチェックを入れてデータをダウンロードし、「data」フォルダ内に保存する。ダウンロードした行政コードデータ

	A	B	C	D	E
1	gov_code	pref_code	pref_name	gov_name	gov_name_kana
2	01100	01	北海道	札幌市	さっぽろし
3	01202	01	北海道	函館市	はこだてし
4	01203	01	北海道	小樽市	おたるし
5	01204	01	北海道	旭川市	あさひかわし
6	01205	01	北海道	室蘭市	むろらんし
7	01206	01	北海道	釧路市	くしろし
8	01207	01	北海道	帯広市	おびひろし
9	01208	01	北海道	北見市	きたみし
10	01209	01	北海道	夕張市	ゆうばりし
11	01210	01	北海道	岩見沢市	いわみざわし
12	01211	01	北海道	網走市	あばしりし
13	01212	01	北海道	留萌市	るもいし
14	01213	01	北海道	苫小牧市	とまこまいし
15	01214	01	北海道	稚内市	わっかないし
16	01215	01	北海道	美唄市	びばいし
17	01216	01	北海道	芦別市	あしべつし
18	01217	01	北海道	江別市	えべつし
19	01218	01	北海道	赤平市	あかびらし
20	01219	01	北海道	紋別市	もんべつし
21	01220	01	北海道	士別市	しべつし
22	01221	01	北海道	名寄市	なよろし
23	01222	01	北海道	三笠市	みかさし

図 10-6　修正版の行政コードデータ

	A	B	C	D	E	F	G	H
1	標準地域コード	都道府県	政令市･郡･支庁･振興局等	政令市･郡･支庁･振興局等(ふりがな)	市区町村	市区町村(ふりがな)	廃置分合等施行年月日	廃置分合等情報有無
2	1100	北海道	札幌市	さっぽろし			1973/12/1	有
3	1202	北海道			函館市	はこだてし	2005/10/1	有
4	1203	北海道			小樽市	おたるし	1990/6/1	有
5	1204	北海道			旭川市	あさひかわし	2000/4/1	有
6	1205	北海道			室蘭市	むろらんし	1980/6/1	有
7	1206	北海道			釧路市	くしろし	2005/10/11	有
8	1207	北海道			帯広市	おびひろし		
9	1208	北海道			北見市	きたみし	2006/3/5	有
10	1209	北海道			夕張市	ゆうばりし		
11	1210	北海道			岩見沢市	いわみざわし	2006/3/27	有
12	1211	北海道			網走市	あばしりし		
13	1212	北海道			留萌市	るもいし		
14	1213	北海道			苫小牧市	とまこまいし		
15	1214	北海道			稚内市	わっかないし		
16	1215	北海道			美唄市	びばいし		
17	1216	北海道			芦別市	あしべつし		
18	1217	北海道			江別市	えべつし		
19	1218	北海道			赤平市	あかびらし		
20	1219	北海道			紋別市	もんべつし		
21	1220	北海道			士別市	しべつし	2005/9/1	有

図 10-5　ダウンロードした行政コードデータ

は図10-5のような表形式になっている。これを図10-6のように5桁の行政コード（gov_code）、2桁の都道府県コード（pref_code）、都道府県名（pref_name）、自治体名（gov_name）、自治体名のかな表記（gov_name_kana）に修正したcsvファイル（ファイル名「japan_gov_code.csv」）を作成・保存する[3]。

手順2：データベースへのインポートとデータの修正

QGISを起動して「shape_file」フォルダから「polbnda_jpn.shp」、「csv」フォルダから「japan_gov_code.csv」をレイヤパネルに追加する。追加後、「polbnda_jpn.shp」を［右クリック］＞［レイヤのCRS］で［地理参照系］の「WGS 84」（EPSG：4326）に設定し、次に「japan_gov_code.csv」を［右クリック］＞［プロパティ］＞［ソース］の［データソースエンコーディング］を「Shift-JIS」にする。

設定を終えたらメニューバーの［データベース］＞［DBマネージャー］で各データをデータベースにインポートする。各データのインポート時の設定は図10-7と図10-8を参照されたい。また、「polbnda_jpn.shp」をインポートする際の「SRID」は［変換前SRID］を「4326（WGS84）」に、［変換後SRID］を「4612（JGD2000）」に設定する。

図10-7　「polbnda_jpn.shp」インポート時の設定

図10-8　「japan_gov_code.csv」インポート時の設定

手順3：行政コードの修正

データベースにインポートした行政界データ「stb_japan」テーブルには9市町村の行政コードに修正が必要である。修正内容は2点ある。まず、秋田県東成瀬村と島根県隠岐の島町は複数あるポリゴンデータで行政コードが異なっているため統一が必要である。次に、その他の7市町村（岩手県滝沢市、宮城県富谷町、埼玉県白岡市、千葉県大網白里市、石川県野々市市、愛知県長久手市、熊本県熊本市）では、市制施行前の行政コードになっているため、施行後のコードに修正が必要である。そのため、これらの9市町村の行政コードを適切な行政コードに修正するため［DBマネージャー］で以下のSQL構文1を実行する。

対象データ：stb_japan
演算子・関数：update、set、case、when、then、else、end
SQLエディタ：DBマネージャー
SQL構文1：行政コードの修正

1	**update** *s_cbc.stb_japan*
2	**set** *adm_code* =
3	**case** *laa*
4	**when** *'Higashinaruse Mura'* **then** *'05464'*
5	**when** *'Okinoshima Cho'* **then** *'32528'*

```
when 'Takizawa Shi' then '03216'
when 'Tomiya Machi' then '04216'
when 'Shiraoka Shi' then '11246'
when 'Oamishirasato Shi' then '12239'
when 'Nonoichi Shi' then '17212'
when 'Nagakute Shi' then '23238'
when 'Kumamoto Shi' then '43100'
else adm_code
end
```

コード解釈：SQL 構文 1 は、「stb_japan」の 9 市町村の「行政コード（adm_code）」を update する内容である。update 句で対象データを指定し、set 句で修正するフィールド「adm_code」を指定し、case 式で 9 市町村の個別修正を指定している。

手順 4：自治体データのユニオン

行政コードの修正を終えたら、各自治体のポリゴンを 1 つにまとめる。「st_union」関数を使用して行政コードで「ユニオン」する。

対象データ：stb_japan
演算子・関数：select、st_multi、st_union、into、from、group by
SQL エディタ：DB マネージャー
SQL 構文 2：自治体ポリゴンのユニオン

```
select adm_code, st_multi (st_union (geom)) as geom
into s_cbc.stb_jp_city
from s_cbc.stb_japan
group by adm_code
```

コード解釈：「stb_japan」テーブルから「行政コード（adm_code）」をもとに st_union 関数で 1 つのポリゴンにしたジオメトリー（geom）と行政コードを選択して、新たに「stb_jp_city」テーブルを作成する。作成したテーブルを確認すると、市区町村が統合されて地物数の合計は 1748 である。この 1748 地物の内訳は市町村が 1724、特別区が 23、所属未定地が 1 である。

手順 5：空間データビューの作成

次に、統合した行政界データ「stb_jp_city」テーブルに「tb_japan_gov_code」テーブルを結合して日本語の自治体名等を追加した空間データビュー「sdv_jp_city」を作成する（SQL 構文 3）。作成した空間データビューの内容は図 10-9 になる。

以上で全国の市区町村マップに必要なデータの作成が完了となる。

情報　テーブル　プレビュー　クエリ(越境GIS)

	adm_code	geom	gov_code	pref_code	pref_name	gov_name	gov_name_kana
1	01643	MULTIPOLYGON	01643	01	北海道	幕別町	まくべつちょう
2	12208	MULTIPOLYGON	12208	12	千葉県	野田市	のだし
3	13212	MULTIPOLYGON	13212	13	東京都	日野市	ひのし
4	27232	MULTIPOLYGON	27232	27	大阪府	阪南市	はんなんし
5	12427	MULTIPOLYGON	12427	12	千葉県	長南町	ちょうなんまち
6	08227	MULTIPOLYGON	08227	08	茨城県	筑西市	ちくせいし
7	32201	MULTIPOLYGON	32201	32	島根県	松江市	まつえし
8	17324	MULTIPOLYGON	17324	17	石川県	川北町	かわきたまち
9	07421	MULTIPOLYGON	07421	07	福島県	会津坂下町	あいづばんげまち
10	21207	MULTIPOLYGON	21207	21	岐阜県	美濃市	みのし
11	40210	MULTIPOLYGON	40210	40	福岡県	八女市	やめし
12	09210	MULTIPOLYGON	09210	09	栃木県	大田原市	おおたわらし
13	23232	MULTIPOLYGON	23232	23	愛知県	愛西市	あいさいし
14	07204	MULTIPOLYGON	07204	07	福島県	いわき市	いわきし
15	28206	MULTIPOLYGON	28206	28	兵庫県	芦屋市	あしやし
16	15223	MULTIPOLYGON	15223	15	新潟県	阿賀野市	あがのし

図 10-9　空間データビュー「sdv_jp_city」

対象データ：stb_jp_city
演算子・関数：create view、as、select、from、inner join、on
SQL エディタ：DB マネージャー
SQL 構文 3：空間データビューの作成

```
create view s_cbc.sdv_jp_city as
select a.adm_code, a.geom, b.gov_code, b.pref_code,
    b.pref_name, b.gov_name, b.gov_name_kana
from s_cbc.stb_jp_city as a
inner join s_cbc.tb_japan_gov_code as b
on a.adm_code = b.gov_code
```

コード解釈：「stb_jp_city」テーブルに「tb_japan_gov_code」テーブルを行政コードに基づき結合し（inner join）、空間データビュー「sdv_jp_city」を作成している。

10.3.2　県境自治体の主題図作成

全国市区町村マップから都道府県境に接した市区

町村（県境自治体）の主題図を作成する。今回、県境自治体を「市区町村界が都道府県界に接している自治体及び橋やトンネル等の土木構造物で他県と繋がっている自治体」と定義する。作業の手順は、①都道府県境に位置する市区町村を抽出し、次に②橋やトンネルの土木構造物で繋がっている自治体を追加し、最後に③主題図を作成する。

手順1：都道府県境に位置する市区町村の抽出

まず、「st_touches」関数で都道府県境に位置する市区町村を抽出する。QGISの［データベース］＞［DBマネージャー］を開き、「s_cbcスキーマ」を選択する。選択後に［SQLウィンドウ］を開き、下記構文を入力して実行する。

対象データ：sdv_jp_city

演算子・関数：st_touches、select、from、distinct on、inner join、where

SQLエディタ：DBマネージャー

SQL構文4：県境自治体の抽出

1	**select distinct on** (a.gov_code) a.*
2	**into** s_cbc.stb_cb_city
3	**from** s_cbc.sdv_jp_city as a
4	**inner join** s_cbc.sdv_jp_city as b
5	**on st_touches** (a.geom, b.geom)
6	**where** a.pref_code <> b.pref_code

コード解釈：inner join句で「sdv_jp_city」テーブル同士を結合させる。その際に、他の都道府県と接するポリゴンを「st_touches」関数を使って抽出し、抽出したポリゴンのみの「stb_cb_city」テーブルを作成する。抽出された地物数は658になる。

手順2：橋やトンネルの土木構造物で繋がっている自治体を追加

次に、橋やトンネルの土木構造物で繋がっている自治体の一覧が表10-6である。このうち既に県境自治体として抽出されたものを除いた対象自治体が表10-7になる。SQL構文5を実行して、これらの9自治体を追加する。

表10-6 橋やトンネルの土木構造物で繋がっている自治体

No	土木構造物で繋がっている自治体
1	福岡県北九州市－山口県下関市
2	広島県呉市（中ノ島）－愛媛県今治市（岡村島）
3	広島県尾道市（生口島）－愛媛県今治市（大三島）
4	岡山県倉敷市－香川県坂出市
5	兵庫県南あわじ市－徳島県鳴門市
6	神奈川県川崎市－千葉県木更津市
7	青森県東津軽郡今別町－北海道上磯郡知内町

表10-7 対象となる自治体（県境自治体は除いたもの）

市町村名	北海道知内町	青森県今別町	千葉県木更津市	兵庫県南あわじ市	岡山県倉敷市
行政コード	1333	2303	12206	28224	33202
市町村名	広島県呉市	香川県坂出市	山口県下関市	福岡県北九州市	
行政コード	34202	37203	35201	40100	

対象データ：stb_cb_city

演算子・関数：insert into、select、from、where、in

SQLエディタ：DBマネージャー

SQL構文5：対象自治体の追加

1	**insert into** s_cbc.stb_cb_city
2	**select** *
3	**from** s_cbc.sdv_jp_city
4	**where** gov_code **in** ('01333', '02303', '12206', '28224', '33202', '34202', '37203', '40100', '35201')

コード解釈：「sdv_jp_city」テーブルからwhere句で対象自治体の行政コードに絞ったデータを「stb_cb_city」テーブルに追加している（insert into）。追加した結果、県境自治体は667自治体となる。

手順3：県境自治体の主題図作成

作成したデータから県境自治体の主題図を作成する。レイヤパネルに［ブラウザ］＞［PostGIS］＞［越境GIS］＞［s_cbc］から全国自治体の行政界データ「sdv_jp_city」と県境自治体の行政界データ「stb_cb_city」、都道府県の行政界データ「stb_jp_pref」を追加して主題図を作成する。都道府県の行政界データ「stb_jp_pref」は前項（10.3.1 全国市区町村マッ

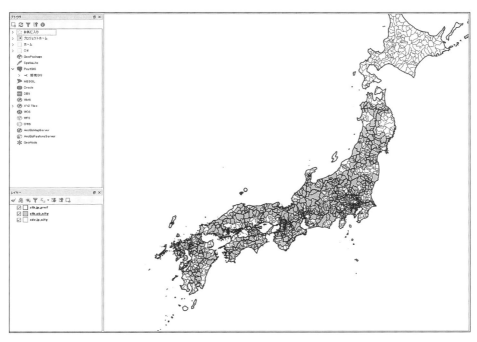

図 10-10　県境自治体の主題図

プの作成）の「手順4：自治体データのユニオン」と同様の作業内容で作成した（「都道府県コード（prof_code）」をもとにユニオン）。作成した主題図を図 10-10 に示す。

10.3.3　広域連携事業のデータ分析

作成したデータベースから地方創生関係交付金を活用した広域連携事業の特性をみる。まず、事業ごとのデータビューを作成して事業分野別の事業数、交付金額を把握する。次に、事業に参画している自治体ごとの空間データビューを作成し、県境自治体のデータと併せることで越境地域の特性をみる。

手順1：事業ごとのデータビューを作成

演算子・関数：create view、as、select、from、inner join、on

SQL エディタ：DB マネージャー

SQL 構文6：事業ごとのデータビューの作成

1	**create view** s_cbc.dv_project_list **as**
2	**select** a.project_no, a.project_name, a.adopted_date, a.project_grant, b.grant_type, c.field_type, d.cb_type, e.spatial_type, f. cooperation_type
3	**from** s_cbc.tb_grant_project_list **as** a
4	**inner join** s_cbc.tb_grant_type **as** b
5	**on** a.grant_type = b.grant_type_id
6	**inner join** s_cbc.tb_field_type **as** c
7	**on** a.field_type = c.field_type_id
8	**inner join** s_cbc.tb_cross_border_type **as** d
9	**on** a.cb_type = d.cb_type_id
10	**inner join** s_cbc.tb_spatial_type **as** e
11	**on** a.spatial_type = e.spatial_type_id
12	**inner join** s_cbc.tb_cooperation_type **as** f
13	**on** a.cooperation_type = f.cooperation_type_id

コード解釈：新規データビュー「dv_project_list」を「tb_grant_project_list」テーブルに「tb_grant_type」、「tb_field_type」、「tb_cross_border_type」、「tb_spatial_type」、「tb_cooperation_type」の各テーブルを結合（inner join）して作成している（create view）。

手順2：事業に参画している自治体ごとの空間データビューの作成

演算子・関数：create view、as、select、from、inner join、on

SQL エディタ：DB マネージャー
SQL 構文 7：事業に参画している自治体ごとの空間データビューの作成

1	**create view** *s_cbc.sdv_project_list* **as**
2	**select** *a.project_no, a.gov_code, b.gov_name, b.geom, c.prefecture,*
3	*d.project_name, d.adopted_date, d.project_grant, e.grant_type, f.field_type, g.cb_type, h.spatial_type, i.cooperation_type*
4	**from** *s_cbc.tb_project_gov* **as** *a*
5	**inner join** *s_cbc.stb_local_gov* **as** *b*
6	**on** *a.gov_code = b.gov_code*
7	**inner join** *s_cbc.tb_prefecture* **as** *c*
8	**on** *b.pref_code = c.pref_code*
9	**inner join** *s_cbc.tb_grant_project_list* **as** *d*
10	**on** *a.project_no = d.project_no*
11	**inner join** *s_cbc.tb_grant_type* **as** *e*
12	**on** *d.grant_type = e.grant_type_id*
13	**inner join** *s_cbc.tb_field_type* **as** *f*
14	**on** *d.field_type = f.field_type_id*
15	**inner join** *s_cbc.tb_cross_border_type* **as** *g*
16	**on** *d.cb_type = g.cb_type_id*
17	**inner join** *s_cbc.tb_spatial_type* **as** *h*
18	**on** *d.spatial_type = h.spatial_type_id*
19	**inner join** *s_cbc.tb_cooperation_type* **as** *i*
20	**on** *d.cooperation_type = i.cooperation_type_id*

コード解釈：新規空間データビュー「sdv_project_list」を「tb_project_gov」テーブルに「stb_local_gov」、「tb_prefecture」、「tb_grant_project_list」、「tb_grant_type」、「tb_field_type」、「tb_cross_border_type」、「tb_spatial_type」、「tb_cooperation_type」の各テーブルを結合（inner join）して作成している（create view）。

手順 3：事業分野別の事業数、交付金額の集計

作成した事業ごとのデータビュー「dv_project_list」をもとに、事業分野別の事業数と交付金額を集計する。

対象データ：dv_project_list
演算子・関数：select、count、as、sum、from、group by、order by、desc

SQL エディタ：DB マネージャー
SQL 構文 8：広域連携事業の集計

1	**select** *field_type,* **count** (*project_no*) **as** *number_of_project,*
2	**sum** (*project_grant*)
3	**from** *s_cbc.dv_project_list*
4	**group by** *field_type*
5	**order by** *number_of_project* **desc**

SQL 構文 9：越境連携事業の集計

1	**select** *field_type,* **count** (*project_no*) **as** *number_of_project,*
2	**sum** (*project_grant*)
3	**from** *s_cbc.dv_project_list*
4	**where** *cb_type* = '*越境型*'
5	**group by** *field_type*
6	**order by** *number_of_project* **desc**

コード解釈：事業ごとのデータビュー「dv_project_list」から事業分野と事業数、交付金の合計を算出する。その際、group by 句で事業分野ごとにまとめて、order by 句で事業数の降順でソートしている。集計した結果をエクセルにコピーして割合を算出する。構文 9 では、where 句で越境連携事業に限定している。

以上の集計結果をエクセルで加工して作成した表が表 10-8 である。広域連携事業は全体で 680 事業あり、交付金額は 425 億円になる。事業分野別では、「観光分野」が最も多く事業数では 48.5％、交付金額でも 46.5％と約半数を占める。以下、「人材育成・移住分野」、「地域産業分野」、「まちづくり分野」が 10％台で、「農林水産分野」と「働き方分野」の順で続く。次に、広域連携事業の中でも越境連携事業についてみると、越境連携事業は全体で 137 事業あり、交付金額は 97.1 億円である。事業分野別の構成は、全体と同様に「観光分野」が事業数 51.8％、交付金額 42.0％で約半数を占めるが、以降は「地域

第 10 章 越境地域連携事業の空間ネットワーク分析

表 10-8 広域連携事業と越境連携事業の事業分野別事業数と交付金額

事業分野	広域連携事業 事業数	事業数割合	交付金額	交付金額割合	越境連携事業 事業数	事業数割合	交付金額	交付金額割合
観光分野	330	48.5	197.5	46.5	71	51.8	40.8	42.0
人材育成・移住分野	108	15.9	58.0	13.7	17	12.4	9.4	9.7
地域産業分野	98	14.4	80.5	18.9	24	17.5	23.5	24.2
まちづくり分野	87	12.8	55.4	13.0	18	13.1	16.0	16.4
農林水産分野	43	6.3	28.8	6.8	6	4.4	6.8	7.0
働き方分野	14	2.1	4.9	1.2	1	0.7	0.6	0.6
全体	680	100.0	425.0	100.0	137	100.0	97.1	100.0

産業分野」と「まちづくり分野」の順で事業数の割合が高くなっている。越境連携事業の広域連携事業に占める割合は事業数が 20.1%、交付金額が 22.8% で約 2 割である。

手順 4：広域連携事業と越境連携事業への自治体の参画

事業に参画している自治体ごとの空間データビュー「sdv_project_list」から、越境連携事業に参画している自治体数を集計する。SQL 構文 10 は参画数全体を集計し、SQL 構文 11 では県境自治体数を集計する。

対象データ：sdv_project_list
演算子・関数：select、distinct on、form、where、not like、and
SQL エディタ：DB マネージャー
SQL 構文 10：越境連携事業に参画している自治体の集計

1	**select distinct on** (*gov_code*)
	*
2	**from** *s_cbc.sdv_project_list*
3	**where** *gov_code* **not like** '*%000*' **and** *cb_type* = '*越境型*'

コード解釈：「sdv_project_list」から where 句で都道府県を除きかつ越境型の事業に限定して（広域連携事業の場合には、「and cb_type = '越境型'」を削除する）、越境連携事業に参画した自治体を抽出している。なお、複数事業に参画している自治体は重複を除いている。

対象データ：sdv_project_list
演算子・関数：select、distinct on、form、inner join、st_within、where、not like、and
SQL エディタ：DB マネージャー
SQL 構文 11：越境連携事業に参画している県境自治体の集計

1	**select distinct on** (*a.gov_code*)
	a.*
2	**from** *s_cbc.sdv_project_list* **as** *a*
3	**inner join** *s_cbc.stb_cb_city* **as** *b*
4	**on st_within** (*a.geom, b.geom*)
5	**where** *a.gov_code* **not like** '*%000*' **and** *a.cb_type* = '*越境型*'

コード解釈：「sdv_project_list」から where 句で都道府県を除き、かつ越境型の事業に限定して（広域連携事業の場合には、「and cb_type = '越境型'」を削除する）、さらに「st_within」で県境自治体行政区に含まれる事業に限定して、越境連携事業に参画した県境自治体を抽出している。なお、複数事業に参画している自治体は重複を除いている（distinct on）。

以上の集計結果をエクセルで加工して作成した表が表 10-9 である。広域連携事業に参画した市区町村は 1073 自治体で全体の 61.4% であり、そのうち、越境連携事業に参画した市区町村は 251 自治体で 14.4% であることから、越境連携事業への参画自治体は限定的である。市区町村を県境に接する県境自

表 10-9 広域連携事業と越境連携事業への参画自治体数

	広域連携事業 自治体数	割合(%)	越境連携事業 自治体数	割合(%)	全体
市区町村	1073	61.4	251	14.4	1747
県境自治体	421	63.1	146	21.9	667
非県境自治体	652	60.4	105	9.7	1080

治体と非県境自治体に区分した結果、広域連携事業への参画率に差はないが、越境連携事業では県境自治体の参画率が高い。

10.4　広域連携事業のネットワーク構造の作成と可視化

本節では、広域連携事業に参画している自治体の自治体間ネットワークを作成して可視化する。自治体間のつながりをデータ化して、そのつながりを可視化するラインを生成した後、主題図を作成する。

手順1：自治体間のつながりをデータ化

まず、各広域連携事業における自治体間の1対1関係を示すテーブル「stb_project_links」を新規で作成する（図10-11）。

演算子・関数：select、distinct on、least、st_makeline、as、into、from、cross join

SQLエディタ：DBマネージャー

SQL構文12：広域連携事業における自治体間の1対1関係を示すテーブル作成

1　**select distinct on** (**least** (*a.gov_name* || *b.gov_name*, *b.gov_name* || *a.gov_name*)) *a.project_no*, *a.project_no* || '_' || *a.gov_code* || '_' || *b.gov_code* **as** *id*,
2　**st_makeline** (*a.geom*, *b.geom*) **as** *geom*,
3　*a.gov_code* **as** *gov_code_1*,
4　*a.gov_name* **as** *gov_name_1*,
5　*b.gov_code* **as** *gov_code_2*,
6　*b.gov_name* **as** *gov_name_2*
7　**into** *s_cbc.stb_project_links*
8　**from** *s_cbc.sdv_project_list* **as** *a*
9　**cross join** *s_cbc.sdv_project_list* **as** *b*
10　**where** *a.project_no* = *b.project_no* **and** *a.gov_code* <> *b.gov_code*

コード解釈：「sdv_project_list」テーブル同士をクロス結合（cross join）してすべての連携関係を抽出し、「st_makeline」関数で連携する自治体間を直線でつなぐラインを生成している。

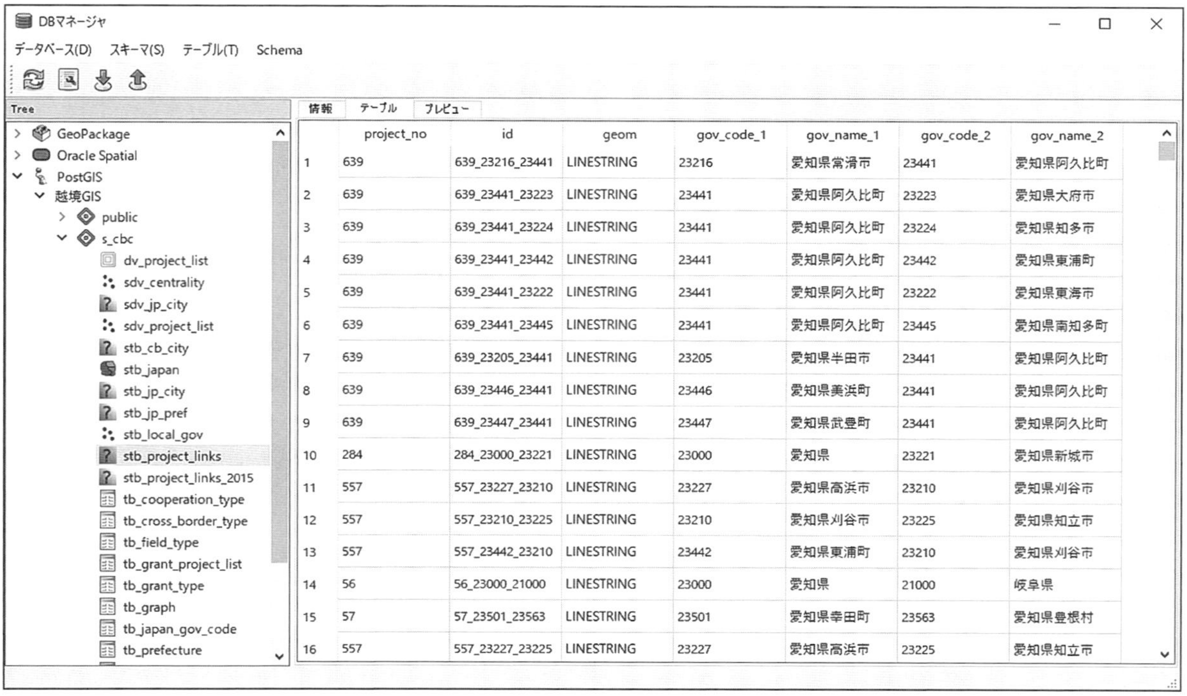

図10-11　広域連携事業参画自治体間のつながり一覧

手順2:自治体間ネットワークの主題図

作成したデータから主題図を作成する。レイヤパネルに［ブラウザ］＞［PostGIS］＞［越境 GIS］＞［s_cbc］から全国自治体の行政界データ「sdv_jp_city」と自治体間のつながりデータ「stb_project_links」、自治体のポイントデータ「stb_local_gov」を追加して広域連携事業の自治体間ネットワークの主題図を作成する。作成した主題図は図 10-12 になる。

手法のパッケージも公開されており、ユーザーはパッケージをインストールすることで多様な分析及びグラフなどの作成が可能である。

本節では、R から PostgreSQL データベースに接続して、データを読み込み、ネットワーク分析を行う。その後、分析結果をデータベースに書き込み、QGIS で分析結果を可視化する。

手順1:作業準備

R を起動して今回使用するパッケージをインストールする。使用するパッケージは、R から PostgreSQL のデータベースにアクセスするための「RPostgreSQL」パッケージ、ネットワーク分析を行うための「igraph」パッケージを使用する。install.packages 関数でパッケージをインストールする。パッケージのインストールは、一度実行すれば以降は不要である。そして、インストールしたパッケージを利用するために、library 関数でパッケージを読み込む。「RPostgreSQL」パッケージのインストールの際に、データベース操作のための「DBI」パッケージも読み込まれる。

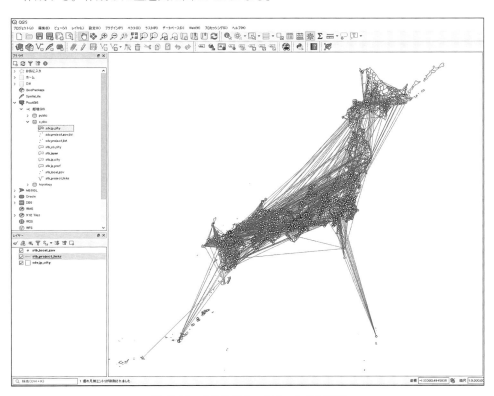

図 10-12　自治体間ネットワークの主題図

10.5　ネットワーク構造の分析

広域連携事業における自治体間ネットワーク構造を分析する。ネットワーク構造の分析には R を利用する。R は、主として統計解析に利用されるフリーのソフトウエアである[4]。R は CRAN（The Comprehensive R Archive Network）からダウンロードしてインストールすれば利用できる。日本では、統計数理研究所[5] や山形大学[6] のミラーサイトからダウンロードできる。R で利用可能な様々な統計

R 構文1:パッケージのインストール

| 1 | install.packages ("RPostgreSQL") |
| 2 | install.packages ("igraph") |

R 構文2:パッケージの読み込み

| 1 | library (RPostgreSQL) |
| 2 | library (igraph) |

パッケージの読み込みを終えたら、PostgreSQLへの接続を図る。dbConnect関数でデータベースへの接続に必要な情報（dbname：接続するデータベース名、host：ホスト名、port：ポート番号、user：データベースのユーザー名、password：登録したパスワード）を入力してデータベースへのコネクションを作成する。本章では、データベース「regional_study_gdb」に接続する。

R構文3：PostgreSQLへの接続

1	con <- dbConnect (PostgreSQL (), dbname=" データベース名 ", host=" ホスト名 ", port= ポート番号 , user=" ユーザー名 ",password=" パスワード ")

次に、データベースへの接続を確認する。RPostgreSQLパッケージのdbListTables関数で接続したデータベースのテーブル一覧が表示される。また、dbExistsTable関数を使えば、接続したデータベースに目的のテーブルが存在するかを確認でき、存在する場合は「True」を返す。R構文4は、「regional_study_gdb」データベースの「s_cbc」スキーマに広域連携事業における自治体間の1対1関係を示す「stb_project_links」テーブルがあるかを確認している。

R構文4：接続データの確認

1	dbListTables (con)
2	dbExistsTable (con,c ("s_cbc","stb_project_links"))

手順2：ネットワークデータの作成と分析

次に、dbGetQuery関数で、「regional_study_gdb」データベースの「s_cbc」スキーマにある「stb_project_links」テーブルから「project_no」と「gov_code_1」、「gov_code_2」を読み込むためのクエリを入力して、その結果をデータフレームとして保管する。このデータフレームの2列目「gov_code_1」と3列目「gov_code_2」のデータ（各連携事業における1対1関係の行政コード）からigraphパッケージのgraph.data.frame関数でグラフオブジェクトgを作成する。無向グラフであるため「directed=FALSE」としている。

R構文5：グラフオブジェクトの作成

1	df <- dbGetQuery（con,'SELECT "project_no", "gov_code_1", "gov_
2	code_2"FROM "s_cbc"."stb_project_links"')
3	g <- graph.data.frame（df[,2:3],directed=FALSE)

2015年の最初の交付金で形成されたネットワークと（2015年のネットワークは前節10.4の2017年までのネットワーク作成作業と同様の作業で作成）、2017年までの交付金で形成されたネットワークのノード、エッジ、密度、推移性をそれぞれ求めて比較した。ノードはネットワークにおける頂点、エッジはノード間をつなぐ辺、密度はすべてのノード間をつないだ場合の辺の数に対する実際の辺の数の比率、推移性はネットワークにおける3点がそれぞれに辺があり3角形の構造を形成している（推移的な関係）比率である。それぞれの指標は、igraphパッケージでノード数をvcount関数、エッジ数をecount関数、密度をgraph.density関数、推移性をtransitivity関数で求めることができる。R構文6は、2017年までに形成されたネットワークオブジェクトgの各指標を求める構文を示している。

R構文6：ネットワークの特性

1	vcount (g)
2	ecount (g)
3	graph.density (g)
4	transitivity (g)

2015年と2017年時点のネットワーク図とネットワーク構造の指標を示したものが図10-13である。2015年から2017年時点までにノード数は約3倍、エッジ数は約5倍となりネットワークは拡大しているが、密度及び推移性は低下している。

次に、作成したグラフオブジェクトgの点中心性を分析する。今回は、次数中心性と媒介中心性を求

第 10 章　越境地域連携事業の空間ネットワーク分析

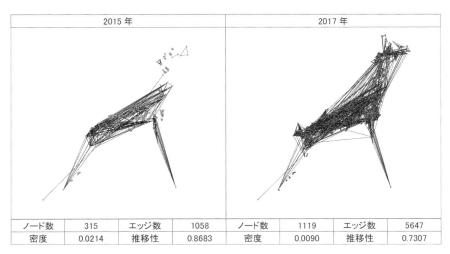

図 10-13　2015 年と 2017 年時点のネットワークと指標

めて比較する。次数中心性は、ある点につながっている辺の数である次数で評価する。つまり、次数が高い点ほど他の点とつながっている影響力のある点といえる。媒介中心性は、ある点が他の 2 点間の最短経路上に位置する度合いを評価するもので、媒介中心性が高い点はネットワークにおける連結の役割が高いといえる。igraph パッケージには、次数中心性を求める degree 関数、媒介中心性を求める betweenness 関数があり、これらの関数を使ってグラフオブジェクト g の各中心性を求める。

R 構文 7：ネットワーク分析

| 1 | gdeg <- degree（g） |
| 2 | gbet <- betweenness（g） |

中心性を算出した後、data.frame 関数で分析結果を df_c に格納して、dbWriteTable 関数で、PostgreSQL の「regional_study_gdb」データベースの「s_cbc」スキーマに「tb_graph」テーブルとして書き込む。最後に、dbDisconnect 関数で PostgreSQL から切断する。ここまでの作業で次数中心性と媒介中心性の結果はデータベースにインポートされたので、以上で R での作業は終了する。

R 構文 8：分析結果を格納とデータベースへの書き込み

1	df_c <- data.frame（gdeg, gbet）
2	dbWriteTable（con, c（"s_cbc","tb_graph"）, df_c）
3	dbDisconnect（con）

分析結果がデータベースにインポートされているかを確認する。QGIS を起動して、メニューバーから［データベース］>［DB マネージャー］を開き、［tree］>［PostGIS］>［越境 GIS］>「s_cbc スキーマ」を開くと、「tb_graph」ができていることが確認できる。

確認を終えたら、「tb_graph」のフィールド名の修正と（「row.names」から「gov_code」へ）、「tb_graph」テーブルに「stb_local_gov」テーブルから自治体名と空間データを結合した空間データビュー「sdv_centrality」の作成を SQL 構文 13 で実行する。

対象データ：tb_graph

演算子・関数：alter table、rename、to、select、into、from、inner join、as、on

SQL エディタ：DB マネージャー

SQL 構文 13：「tb_graph」テーブルの修正と空間データビューの作成

1	**alter table** s_cbc.tb_graph **rename** "row.names" **to** gov_code;
2	**select** a.*, b.gov_name, b.geom
3	**into** s_cbc.sdv_centrality
4	**from** s_cbc.tb_graph **as** a
5	**inner join** s_cbc.stb_local_gov **as** b

```
6  on a.gov_code = b.gov_code
```

コード解釈：1行目の構文で「tb_graph」テーブルのフィールド名を「row.names」から「gov_code」に修正している。そして、中心性の分析結果の「tb_graph」テーブルに「stb_local_gov」テーブルから自治体名と空間データを結合した空間データビュー「sdv_centrality」を作成している。

これまでに作成したデータを使って次数中心性と媒介中心性の分析結果を反映した主題図を作成する。レイヤパネルに、［ブラウザ］＞［PostGIS］＞［越境GIS］＞［s_cbc］から分析結果を反映した参画自治体ポイントデータ「sdv_centrality」と自治体間のつながりデータ「stb_project_links」、全国自治体の行政界データ「sdv_jp_city」を追加する。そして、「sdv_centrality」を右クリックして［プロパティ］＞［シンボロジー］で「段階に分けられた（Graduated）」を選択して、［カラム］で次数中心性の「gdeg」、媒介中心性の「gbet」を選び、「方法」、「モード」等を設定することで次数中心性と媒介中心性の結果を反映した広域連携事業の自治体間ネットワークの主題図を作成する。作成した主題図は図10-14と図10-15である。また、各自治体の次数中心性と媒介中心性の結果を示したものが表10-10と表10-11である。これは「DBマネージャー」でSQL構文14を実行することで得られる。

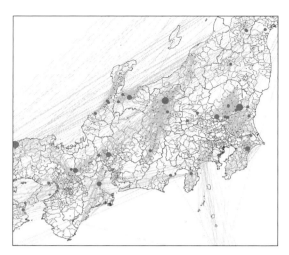

図10-15　媒介中心性（部分拡大）

表10-10　次数中心性の上位20自治体

No	自治体名	次数中心性
1	長野県	71
2	北海道	62
3	熊本県	55
4	高知県	48
5	長崎県	43
6	長崎県長崎市	38
7	茨城県	38
8	栃木県茂木町	37
9	宮崎県	37
10	山口県	36
11	福岡県北九州市	34
12	三重県	33
13	京都府	33
14	福岡県中間市	33
15	滋賀県	33
16	栃木県小山市	32
17	茨城県結城市	32
18	長野県信濃町	32
19	栃木県益子町	32
20	栃木県	32

表10-11　媒介中心性の上位20自治体

No	自治体名	媒介中心性
1	長野県	103556.87
2	佐賀県嬉野市	93792.40
3	栃木県茂木町	86605.34
4	北海道	85823.17
5	高知県	81704.70
6	鳥取県	61502.91
7	佐賀県	45378.30
8	熊本県	38507.71
9	宮崎県	36956.43
10	三重県	35982.56
11	富山県	35564.46
12	山口県	35359.66
13	大分県	34088.72
14	岡山県	27799.70
15	高知県いの町	26506.00
16	滋賀県	26435.08
17	岐阜県	26286.67
18	栃木県佐野市	25685.69
19	千葉県山武市	23968.82
20	京都府	19854.23

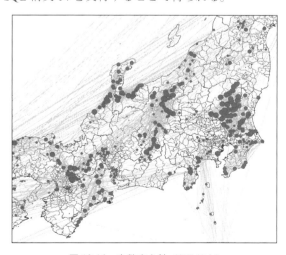

図10-14　次数中心性（部分拡大）

結果についてみると、次数中心性と媒介中心性ともに、上位に道府県自治体が上がっている。既往研究（小川、戸田 2019）で連携構成と構成自治体数を分析した結果、道府県が関係する連携事業は、市区町村間の連携事業よりも構成自治体数が多いことが分かっており、道府県自治体の次数中心性は高くなる傾向があるといえる。また、道府県自治体は県内市区町村や道府県間で連携を実施していることから、内外をつなぐ役割を担っており、その結果が媒介中心性の結果に反映されていると考えられる。

対象データ：sdv_centrality
演算子・関数：select、from、order by、desc
SQL エディタ：DB マネージャー
SQL 構文 14：次数中心性の結果表示

```
1  select gov_code, gov_name, gdeg
2  from s_cbc.sdv_centrality
3  order by gdeg desc
```

コード解釈：「sdv_centrality」テーブルから行政コード（gov_code）、自治体名（gov_name）、次数中心性（gdeg）を選択して、次数中心性の値で降順表示する。

10.6　おわりに

本章では、地方創生関係交付金を活用した広域連携事業に着目して、連携実態の把握と自治体間ネットワークの可視化及び分析を行った。

今回分析した結果、広域連携事業 680 事業のうち越境連携事業は 137 事業（20.1%）であり、道府県境を越えた越境連携はまだ少数である。このことからも、越境連携をどのように形成していくかは課題であろう。その際に、事業分野別の事業数をみると、広域連携事業と越境連携事業ともに観光分野の事業が最も多いことから、観光分野事業を広域連携事業の初期事業として始めて、多分野事業へと展開していくことなどが考えられる。

次に、交付金開始から現在までの広域連携事業による自治体間ネットワークについては、回数を重ねるたびにネットワークが形成されており、交付金事業終了後も事業の継続ならびにネットワークを活かした連携事業の展開などが期待される。その際、自地域内外とのネットワーク性が高い道府県自治体が市区町村自治体の広域連携を支援する等の役割を担うことで、さらなる発展が期待できるだろう。

ICT 及び高速交通網の進展により空間的に離れた遠隔の自治体との交流も容易になってきたことから、隣接自治体だけでなく遠隔自治体間の連携も出てきている。地方創生では地域間連携が重要視されているが、今後は、各自治体がより戦略的に連携をデザインしていくための仕組みづくりが必要であろう。

注
1) まち・ひと・しごと創生本部ホームページ（http://www.kantei.go.jp/jp/singi/sousei/about/kouhukin/index.html、最終アクセス：2018 年 10 月 31 日）を参照。
2) 国土地理院ホームページ（http://www.gsi.go.jp/index.html、最終アクセス：2018 年 10 月 31 日）
3) 行政コードの修正と都道府県コードの作成には、エクセルの関数を使用する。行政コードは、TEXT 関数を使用して 5 桁に修正し、その後、LEFT 関数を使用して行政コードの左側 2 桁の値を取り出すことで都道府県コードを作成できる。また、ダウンロードデータでは政令市は他の市区町村と列が区分されているため、市区町村列に政令市を追加して新たに自治体名列とする。
4) R プロジェクトホームページ（https://www.r-project.org/ 最終アクセス：2018 年 10 月 31 日）
5) 統計数理研究所のミラーサイト（https://cran.ism.ac.jp/、最終アクセス：2018 年 10 月 31 日）
6) 山形大学のミラーサイト（https://ftp.yz.yamagata-u.ac.jp/pub/cran/、最終アクセス：2018 年 10 月 31 日）

参考文献
小川勇樹、戸田敏行（2018）「地方創生交付金を活用した越境連携事業の実態把握」、日本建築学会技術報告集、第 24 巻第 56 号、345-350 頁
小川勇樹、戸田敏行（2019）「地方創生交付金を活用した遠隔自治体間の連携事業」、日本建築学会技術報告集、第 25 巻第 59 号、321-326 頁
鈴木　努（2017）『R で学ぶデータサイエンス 8　ネットワーク分析　第 2 版』、共立出版

付録1　QGIS のインストール

　この付録では、QGIS のインストール手順を紹介する。まず、公式サイトからシステムのインストーラーをダウンロードする（https://www.qgis.org/ja/site/forusers/download.html）。

　本書は、Window10 の OS 環境における QGIS のインストールを解説する。公式サイトには常に3種類のインストーラーのリリースを公開し、選べるようになっている。

　付録図 1-1 に示した OSGeo4W の QGIS は、最新リリースの QGIS 本体をはじめ、QGIS 関連の開発環境、例えば、独自のインターフェースを作成するための Qt Designer を含めたインストーラーである。一方、図 1-2 と図 1-3 は、それぞれ最新リリースと長期リリースのインストーラーであるが、安定した業務や教育のシステムを追求するには長期リリースが選択肢になる。読者は自らのニーズに合わせてインストーラーを選ぶことができる。

　なお、インストール作業にはネットワーク環境が欠かせないので、パソコンがネットワークに接続していることを必ず確認する。本書は、Windows OS 64 ビット用の QGIS 3.0.3 のインストールを解説する。

1. ダウンロードサイトの「全てのリリース」のタブに切り替え、QGIS の古いバージョンでダウンロードするための「こちら」リンクをクリックする。

付録図 1-1　OSGeo4W のインストーラー

付録図 1-2　QGIS 最新リリースのインストーラー

付録図 1-3　QGIS 長期リリースのインストーラー

147
付録1　QGIS のインストール

2．古いバージョンの QGIS インデックスが現れる。その中の「win64/」のリンクにアクセスする。

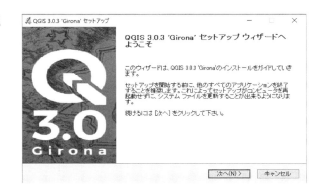

3．目標のインストーラーをクリックする。

4．インストーラーをクリックすると右の画面が現れる。[エクスプレスデスクトップインストール] にチェックし、[次へ] に進む。

5．ライセンス契約書を確認した上、[同意する] を押す。

6. インストール先のフォルダを確認し、[次へ] ボタンを押す。

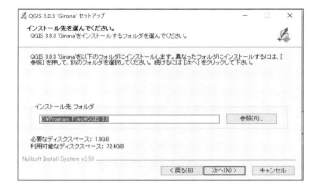

7. [インストールコンポーネントの選択] に3つのデータセットの選択はせずに、そのまま[インストール] を押し、インストール作業が始める。

8. インストール作業中

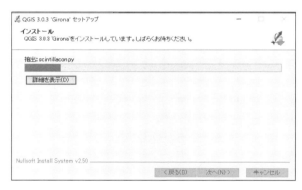

9. インストールは完了した。

10. スタートボタンからメニューを開き、[QGIS Desktop] をクリックすると、QGIS が起動される。

QGIS の操作画面が開かれる。

付録2　PostgreSQL データベースのインストール

付録2は、64ビットの Windows10 環境において PostgreSQL データベースのインストール手順を解説する。

1. 日本 PostgreSQL ユーザ会の公式ホームページ（https://www.postgresql.jp/download）にアクセスすると、以下のダウンロード画面が現れる。

これからのインストール作業においては、インターネットに接続していることが必須である。まず、読者のパソコンがインターネットに接続していることを確認する。機種の OS は Windows、その右の URL リンクにクリックすると、[WINDOWS INSTLLERS] の画面が開く。

2. [Download the installer] のリンクにクリックすると、次のダウンロード画面が現れる。

3. データベースバージョン [PostgreSQL 9.6.10] を選び、また OS は [Windows x86-64] を選択し、[DOWNLOAD NOW] ボタンを押す。

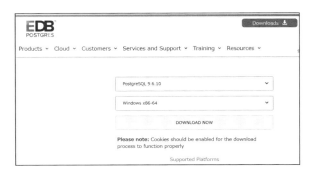

4. 次にデータベースシステムに必要な C++Runtime パッケージを自動的にダウンロードし、そのインストールを行う。

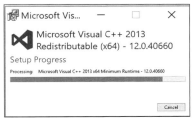

5. PostgreSQL の Setup Wizard が始まる。[Next>] を押し、次に進む。

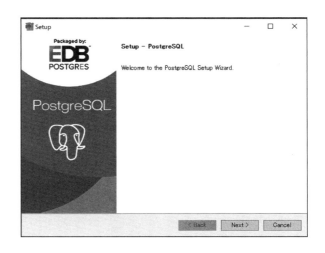

6. ここでは、データベースインストール先を確認し、[Next>] をクリックする。

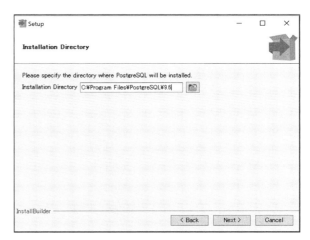

7. ここでは、データベース操作上大切な情報を確認する。
データベースのスーパーユーザは postgres である。このスーパーユーザのパスワードを入力する。必ず忘れないようにする。

8. データベースのポートは初期値のまま、5432 とする。必ず覚えておく。

9. 次はオプションとして、データベースクラスターを置く場所を決めるが、これも初期状態のまま次に進むと、インストール作業が始まる。

10. インストールが無事に終了した。空間拡張のチェック☑を入れ、[Finish] を押す。

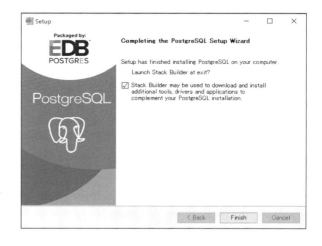

11. 続いてはPostGISのインストールが始まる。対象データ［PostgreSQL 9.6（x64）on port 5432］を選択し、［次へ］を押す。

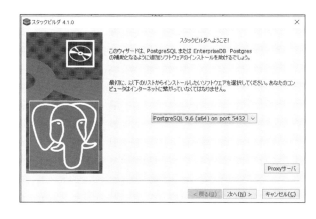

12. データベース拡張一覧が見える。その中から［Spatail Extensions］を開き、［PostGIS2.3 Bundle for PostgreSLQ 9.6（64 bit）v2.3.7］にチェック☑を入れ、［次へ］進む。
（PostGIS2.3 は執筆時点のバージョンであり、更新される可能性がある）

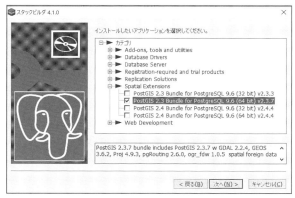

13. 自動的にPostGISのダウンロードが行われる。このとき、ネットワークへの接続が切れないように注意する。

14. ダウンロード終了後、そのまま「次へ」を押し、PostGISのインストールを始める。

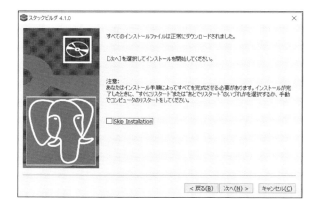

15. まず、ライセンスに同意する。

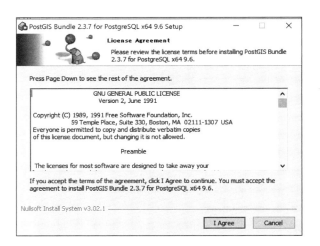

16. この時点で、最初の空間データベースの作成は可能であるが、本書は第7章で解説するので、ここでは［Create spatail database］のチェックを外し、［Next>］に進む。

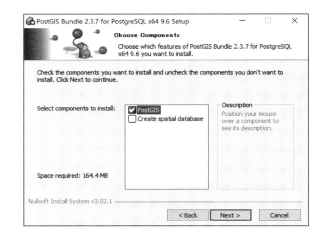

17. インストール場所の確認し、［次へ］を押す。

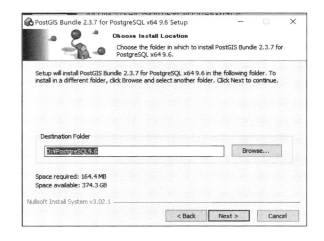

インストール作業が進められ、最後のいくつかの確認事項にいずれも［はい］ボタンを押す。

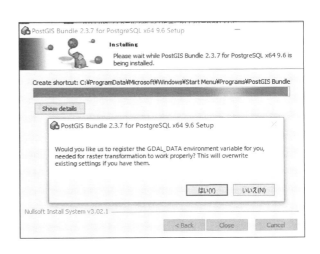

18. インストール作業は終了後、［Close］ボタンをクリックする。

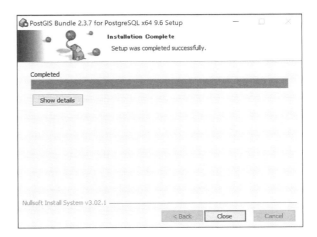

19. スタートメニューから［pgAdmin4］を起動する。

最初にデータベースを開くときにパスワードを入力し、そのパスワードの保存にチェックを入れ、[OK]を押す。

以上でPostgreSQLデータベースがインストールされた。第7章において、PostgreSQLデータベースの上にさらに空間拡張のパッケージPostGISを入れ、空間データベースの構築を紹介する。

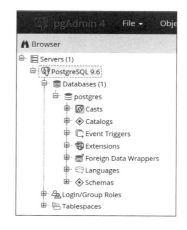

付録3　SQL 言語の概要

　この付録は以下のデータ構造を事例に SQL 言語の基本構文を紹介する。

付録図 3-1　主キー、外部キーとリレーショナル・データベース

1. データベース作成
新しいデータベースを作成する。

SQL の基本構文

1	**create database** データベース名
2	**with owner** = オーナー名

事例

1	**create database** *db_test*
2	**with owner** = *postgres*

　ここではデータベースオーナーとは、データベースの所有者を意味する。

2. スキーマの作成
新しいスキーマを作成する。

SQL 基本構文

1	**create schema** スキーマ名

事例

1	**create schema** *student_list*

3. テーブルの作成
新しいテーブルを定義する。

SQL 基本構文

1	**create table** スキーマ名.テーブル名
2	(
3	カラム名 データ型 [**not null**] ,
4	……… ,
5	カラム名 データ型
6	**constraint** 主キー名 **primary key**（主キーカラム名）
7	**constraint** 外部キー名 **foreign key**（外部キーカラム名）
8	**references** 参照先テーブル名（参照先カラム名）
9	)

事例

1	**create table** *db_test.faculty*
2	(
3	*faculty_id* **"char" not null** ,
4	*name* **character varying (10)**,
5	**constraint** *faculty_pkey* **primary key** (*faculty_id*)
6	)

事例

1	**create table** *public.student*
2	(
3	*id* **integer not null,**
4	*faculty_id* **"char",**
5	*name* **character varying (20)**,
6	**constraint** *student_pkey* **primary key** (*id*),
7	**constraint** *student_to_faculty* **foreign key** (*faculty_id*)
8	**references public. faculty** (*faculty_id*)
9	)

4. テーブルの変更
カラム追加

SQL 基本構文

1	**alter table** テーブル名 **add column** カラム名 データ型

事例

1	**alter table** *student* **add column** *age* **integer**

カラム名の変更

SQL 基本構文

1	**alter table** テーブル名 **rename column** 旧カラム名

```
to 新カラム名
```

事例

```
1  alter table student rename column id to student_id
```

カラムデータ型の変更

SQL 基本構文

```
1  alter table テーブル名 alter column カラム名 type
   データ型
2  using カラム名 : データ型
```

事例

```
1  alter table student alter column id type integer
2  using id : integer
```

カラム削除

SQL 基本構文

```
1  alter table テーブル名 drop column カラム名
```

事例

```
1  alter table student drop column age
```

テーブル名変更

SQL 基本構文

```
1  alter table 旧テーブル名 rename to 新テーブル名
```

事例

```
1  alter table student rename to student_list
```

テーブル削除

SQL 基本構文

```
1  drop table テーブル名
```

事例

```
1  drop table student
```

5. データ検索

すべてのカラムの選択

SQL 基本構文

```
1  select *
2  from テーブル名
```

事例

```
1  select *
2  from student
```

特定のカラムの選択

SQL 基本構文

```
1  select カラム名 1, …
2  from テーブル名
```

事例

```
1  select id, name
2  from student
```

条件付き選択

SQL 基本構文

```
1  select カラム名 1, …
2  from テーブル名
3  where 条件
```

事例

```
1  select id, name
2  from student
3  where faculty_id="R"
```

カラムに別名を付ける

SQL 基本構文

```
1  select カラム名 as 別名 , …
2  from テーブル名
```

事例

```
1  select id as student_id , name as student_name
2  from student
```

6. 集約と並べ替え

集約

SQL 基本構文

```
1  select カラム名, …, 集計関数 (カラム名) as 別名,
   …
2  from テーブル名
3  group by カラム名
```

事例

```
1  select faculty_id, count (id) as number_students
2  from student
3  group by faculty_id
```

並べ替え

SQL 基本構文

```
1  select カラム名, …, 集計関数 (カラム名) as 別名,
   …
2  from テーブル名
3  group by カラム名
4  order by カラム名
```

事例

1	**select** *faculty_id*, **count** (*id*) **as** *number_students*
2	**from** *student*
3	**group by** *faculty_id*
4	**order by** *faculty_id*

7. データ更新
SQL 基本構文

| 1 | **update** *テーブル名* **set** *カラム名 = 値*, … |
| 2 | **where** *条件* |

事例

| 1 | **Update** *student* **set** *name =* "豊橋花子" |
| 2 | **where** *id = 2* |

8. 結合
SQL 基本構文

1	**select a**.*カラム名*, …, **b**.*カラム名*, …
2	**from** *テーブル名* **as a**
3	**inner join** *テーブル名* **as b**
4	**on** *条件*

事例

1	**select a**.*id*, **b**.*name* **as** *faculty_name*, **a**.*name*
2	**from** *student* **as a**
3	**inner join** *faculty* **as b**
4	**on a**.*faculty_id =* **b**.*faculty_id*

9. ビュー作成
SQL 基本構文

| 1 | **create view** *スキーマ名．ビュー名* **as** |
| 2 | *選択文* |

事例

1	**create view** *bd_test.v_student* **as**
2	**select a**.*id*, **b**.*name* **as** *faculty_name*, **a**.*name*
3	**from** *student* **as a**
4	**inner join** *faculty* **as b**
5	**on a**.*faculty_id =* **b**.*faculty_id*

QGISとPostGIS機能一覧の逆引き

▶GIS基本概念 〈1～3章, 5章, 6章〉
地理情報システム 2
地理空間情報（G空間情報） 3
地理空間情報データモデル 4
測地系 5
SRIDコードとEPSGコード 8
データ形式 9
　CSVファイル 30,56,67
　シェープファイル 10
　ポイント 55
　ポリゴン 55
　メッシュ 35,55,60
　GML形式 10
　　GMLからシェープファイルへの変換 14

▶オープンソース 〈2～7章, 9章, 10章〉
基盤地図情報（申請必要） 12,85,118
統計GIS（e-Stat） 26,30,54
国土数値情報 35,55,85,118,120
OpenStreetMap 40
旧版地形図（申請必要） 43
国指定文化財データベース 49
iタウンページ 55,85
キラッと奥三河観光ナビ 66
地方創生推進プロジェクト交付金 129
国土地理院「地球地図」 133

▶基盤地理情報ビューア 〈1章, 2章〉
基盤地理情報の概要 11
基本操作 14

▶主題図の作成 〈2章〉
主題図の概念 17
　主題図の構造 20

▶QGISの基本操作 〈1～3章, 5～7章〉
QGISの画面構成 9
QGISプロジェクト 16
　起動時プロジェクトファイルの設定 16
　プロジェクト参照系の設定 16
　シェープファイルの読み込み 16,28,57-61
　CSVファイルの読み込み 32,56,68
　プロジェクトファイルの保存 17
プラグイン管理 69,87

▶レイヤ 〈2章, 3章, 5章, 7章〉
属性テーブル
　フィールド計算機 28,29,58,61-63
レイヤプロパティ 20
　開く 20,87
　情報 21
　ソース 21,87
　シンボロジー 21
　　塗りつぶしなし 21
　　単色塗りつぶし 21
　　カテゴリ塗りつぶし 21,39
　　カテゴリごとラインタイプの変更 22
　　数値階級塗りつぶし 29,34,40
　結合 32
　ソースフィールド 33
　ラベル 24
デジタイジングツールバー 18
　不要な地物の削除 18,28,58
エクスポート（レイヤ名前を付けて保存）
　シェープファイル 19,31,38,45,57,68

▶測地系の変換 〈4章〉
旧版地形図の測地系変換 45,53

QGIS と PostGIS 機能一覧の逆引き

▶**プリントレイアウト**〈2章〉
新規プリントレイアウト　24
新しい地図の追加　24
凡例の追加と変更　24
スケールバーの追加　25
方位記号の追加　25
画像の書き出し　25

▶**空間演算**〈2章，3章，5-7章，9章〉
ディゾルブ　19,31
クリップ　20,38,59
ユニオン（統合）　58
インターセクト（交差）　61,62
バッファ分析　57
ボロノイ分割　59,100,128
面積按分　60
ベクタ選択：場所による選択　38
ポイント間の距離　70,71
フィーチャ間の直線距離　73
最近隣距離法による密集と分散　75
k関数　76

▶**ジオリファレンス**〈4章〉
ジオリファレンスとは　42
旧版地形図のジオリファレンス　44
ジオリファレンサー　45

▶**フィーチャ作成**〈4～6章〉
デジタイジング　47
アドレスマッチング　50
　Geocoding and Mapping（谷謙二）　55
　CSVアドレスマッチングサービス（CSIS）　67

▶**データベースの基礎概念と用語**〈7章〉
データベース　80
データベースの仕組み　81
テーブル　81
主キー，外部キー　81
関連型データベース　81
ビュー　81
データ構造と正規化　82

▶**データベース構築**〈7章，10章〉
データベースの新規作成　82,131
空間データベースの拡張　83,131
スキーマの新規作成　84,131
QGISとデータベースの接続　85,131

▶**DBマネージャの使用**〈7章，8章，10章〉
DBマネージャのプラグイン　87
テーブルのインポート
　CSVからテーブル　87,104,131
　シェープファイルからテーブル　88,104
テーブルデータの確認　89
SQLウィンドウ　96

▶**pgAdmin4の使用**〈7章〉
データベース階層の確認　91
Query Tool
　SQLクエリ作成　92
　SQLクエリの保存再利用　93
Table Property
　フィールド削除　92
　主キー作成　93
　外部キー作成　94

▶**データ構造の実装（SQL構文）**〈7～10章〉
データ仕様表　90,104,105,119,132
フィールド追加：alter table … add column　108,115
フィールド名変更：alter table … rename column　92,143
フィールドデータ型の変更：alter table … alter column
　type … using　93,113, 115
データ更新：update … set …　108,111,112,116,134
主キー追加：alter table … add constraint … primary key …
　95
外部キー追加：alter table … add constraint … foreign key …
　95
データベースのER図　95,104,132

▶**SQLとPostGISを用いた空間解析**〈7～10章〉
空間と非空間データの分離　96
ビューの作成：create view … as　97,135,137,138
カウント：count()　98,99,121,122,124,125,138
合計：sum()　100,101,120,124,127,138

フィールドデータ型宣言：cast(… as …)　105
テーブル結合：select … from… inner join … on …　97-101,107,120-122,124-127,135-138,143
テーブル結合：select … from… cross join … on …　140
選択データを新規テーブルに保存：select … into … from …　105-108,113,115,135,136,143
選択データを既存テーブルに追加：insert into … (select … from …)　105,136
重複行を削除して選択：select distinct on()　136,139,140
create table … as …（SQLの文字列構成文）　114
面積計算：st_area(geom)　99,101
長さ計算：st_length(geom)　112,124
空間包含：st_within(geom1, geom2)　99,100,120-122,125-127,139
半径rの空間包含：st_dwithin(geom1, geom2, r)　107
交差部分の抽出：st_intersection(geom1, geom2)　101,124
交差している条件：st_intersects(geom1, geom2)　101,124
最短直線の作成：st_shortline(geom1, geom2)　107
ユニオン（統合）：st_union()　135
タッチ（接合）：st_touches(geom1, geom2)　136
ライン生成：st_makeline(geom1, geom2)　140
空間ビューを用いた主題図　98,137

RPostgreSQL パッケージ　141
R ネットワーク分析　142,143

▶ postgis_topology について 〈7章, 8章〉
postgis_topology への拡張　83
空間トポロジーの定義　105
ジオメトリ分解の概念　106
ジオメトリ分解:st_dump(geom).geom　106
トポロジーの新規作成：select topology.CreateTopology()　109
トポロジージオメトリカラム：select topology.AddTopoGeometryColumn()　110
topogeom へのデータ移入：topology.toTopoGeom()　111
トポロジー構造の確認　109-111

▶ pgrouting について 〈7章, 8章〉
経路トポロジーの作成：select pgr_createTopology　112
到達圏の計算：select … from pgr_drivingDistance()　113
到達圏ポリゴンの計算：select pgr_pointAsPologon()　114

▶ ソーシャルネットワーク 〈10章〉
自治体間連携事業ネットワーク主題図　141

執筆者略歴〈執筆章〉

湯川　治敏（ゆかわ はるとし）〈第2章，第3章〉
　1962年生まれ．筑波大学大学院博士課程体育科学研究科単位取得退学．愛知大学教養部，経済学部を経て，現在愛知大学地域政策学部教授．専門はスポーツ工学で，主な研究テーマとしては，スポーツサーフェスの緩衝性，ランニング着地衝撃のモデル化，アウトドアスポーツの安全性，アダプテッドスポーツ等の研究も行い，アウトドアスポーツにおけるGPS・GISの活用にも取り組んでいる．

駒木　伸比古（こまき のぶひこ）〈第5章〉
　1981年生まれ．筑波大学大学院生命環境科学研究科地球科学専攻修了．首都大学東京大学院都市環境科学研究科観光科学域特任助教を経て，現在愛知大学地域政策学部教授．博士（理学）．都市・商業地理学，空間分析などを専門とする．主な著書に『役に立つ地理学』（編著，2012年，古今書院），『小商圏時代の流通システム』（分担執筆，2013年，古今書院），『地域分析－データ入手・解析・評価』（共著，2013年，古今書院），『まちづくりのための中心市街地活性化－イギリスと日本の実証研究』（分担執筆，2016年，古今書院）などがある．

飯塚　公藤（いいづか たかふさ）〈第4章〉
　1980年生まれ．立命館大学大学院文学研究科人文学専攻修了．愛知大学地域政策学部准教授を経て，現在近畿大学総合社会学部環境・まちづくり系専攻准教授．博士（文学）．歴史・文化地理学，地理情報科学，歴史GISなどを専門とする．主な著書に『近代河川舟運のGIS分析－淀川流域を中心に－』（単著，2020年，古今書院），『日本あっちこっち－「データ＋地図」で読み解く地域の姿－』（共著，2021年，清水書院），『京都まちかど遺産めぐり－なにげない風景から歴史を読み取る』（共編著，2014年，ナカニシヤ出版），『京都の歴史GIS』（分担執筆，2011年，ナカニシヤ出版）などがある．

村山　徹（むらやま とおる）〈第6章〉
　1975年生まれ．立命館アジア太平洋大学大学院アジア太平洋研究科単位取得満期退学．立命館大学文学部地理学専攻実習助手，愛知大学三遠南信地域連携研究センター研究助教を経て，現在名古屋経済大学経済学部准教授．M. A. in Geography and Planning．地域政策，防災・減災などを専門とする．主な著書に『災害と安全の情報－日本の災害対応の展開と災害情報の質的転換』（単著，2018年，晃洋書房），「地方公共団体のシティプロモーションと広域連携」『立命館文學』第650号（単著，2017年），『災害と行政－防災と減災から』（共編著，2016年，晃洋書房）などがある．

小川　勇樹（おがわ ゆうき）〈第10章〉
　1982年生まれ．九州大学大学院人間環境学府都市共生デザイン専攻修了．九州産業大学景観研究センター博士研究員を経て，現在愛知大学三遠南信地域連携研究センター研究助教．博士（人間環境学）．都市・地域計画などを専門とする．主な著書に『越境地域政策への視点』（分担執筆，2014年，愛知大学三遠南信地域連携研究センター）などがある．

監修者略歴〈執筆章〉

蒋　　湧（しょうゆう）〈第1章，第7章〜第9章，付録1〜3〉
　1955年生まれ。筑波大学大学院社会工学研究科経営工学専攻修了。東京都立大学経済学部助教を経て，現在愛知大学地域政策学部教授。博士（経営工学）。応用数学，データ工学とGIS空間解析などを専門とする。主な著書に『数値計算と経済データ分析』（単著，2003年，学術図書出版社），『文系大学・短期大学の情報教育』（分担執筆，2003年，学術図書出版社），『越境地域政策への視点』（分担執筆，2014年，愛知大学三遠南信地域連携研究センター）などがある．

書　名	**地域研究のための空間データ分析入門**− QGISとPostGISを用いて −
コード	ISBN978-4-7722-5324-6 C3055
発行日	2019（平成31）年3月30日　初版第1刷発行
	2022（令和4）年8月30日　初版第3刷発行
編　者	**愛知大学三遠南信地域連携研究センター**
監修者	**蒋　　湧**
	Copyright © 2019 Research Center for San-En-Nanshin Regional Collaboration, Aichi University
発行者	株式会社古今書院　橋本寿資
印刷所	株式会社太平印刷社
発行所	**（株）古 今 書 院**
	〒113-0021　東京都文京区本駒込5-16-3
電　話	03-5834-2874
ＦＡＸ	03-5834-2875
ＵＲＬ	http://www.kokon.co.jp/
	検印省略・Printed in Japan